原来数学都在这样学

数学的园地

刘薰宇 著

民主与建设出版社
·北京·

图书在版编目（CIP）数据

数学的园地 / 刘薰宇著 . -- 北京 : 民主与建设出版社 , 2020.4（2024.6 重印）

（原来数学都在这样学）

ISBN 978-7-5139-2973-8

Ⅰ . ①数… Ⅱ . ①刘… Ⅲ . ①数学－青少年读物 Ⅳ . ① O1-49

中国版本图书馆 CIP 数据核字 (2020) 第 040110 号

数学的园地

SHU XUE DE YUAN DI

著　　者　刘薰宇
责任编辑　刘树民
封面设计　金墨书香
出版发行　民主与建设出版社有限责任公司
电　　话　（010）59417747 59419778
社　　址　北京市海淀区西三环中路 10 号望海楼 E 座 7 层
邮　　编　100142
印　　刷　三河市刚利印务有限公司
版　　次　2021 年 7 月第 1 版
印　　次　2024 年 6 月第 3 次印刷
开　　本　880 毫米 × 1230 毫米　1/32
印　　张　3.5
字　　数　88 千字
书　　号　ISBN 978-7-5139-2973-8
定　　价　128.00 元（全 3 册）

我在中学三年级学物理的时候，曾经碰过一次物理教员的钉子，现在只要一回想起来，额头好像都还有余痛。大概情况是这样的：为了一个什么公式，我不知道它的来源，便很愚笨地向那位教员追问。

起初他很和善，虽然已有点不大高兴，但是他还是说：“你记住好了，怎样来的，说来你这时也不会懂得。”

那时，在我幼小的心里，无论如何都不承认真有“说来也不会懂得”这么一回事，仍然不知趣地请求：“先生，说说看吧！”

他真懊恼了，这一点我记得非常清楚。他脸色一阵红又一阵青，呼吸非常急促，显然十分气愤，手也开始颤抖了，就从桌上拿起一支粉笔使劲地在黑板上写了这样一个符号：$\frac{dy}{dx}$。

他转过身来瞪着我，几乎想要把我吞到他肚子里才甘心似的说：“这你懂吗？”

我被吓得不敢出声，心里暗想“真是不懂”。从那一次起，我已经被吓得只好承认不懂，然而总也不大甘心，常常想从什么书上去找$\frac{dy}{dx}$这几个奇怪的符号看看。可惜得很，一直过了三年才遇见它，才算“懂其所懂”地懂了一点。真的，第一次知道它的意义时，我心里感到无限的喜悦！

不管怎样，马马虎虎，总算弄懂了。然而我的年龄也大起来了，已经到了被人追问的阶段。“代数、几何，都学一些什么呢？”“微积分是怎样的东西呢？”

这类问题，常常被比我年纪小的朋友们问到。我总记起我碰钉子时的苦闷，不忍心让他们在我面前也碰，于是常常想些似是而非的解说，使他们不会全然失望。

不过，总觉得于心不安，我相信自己一定可以简单地说明它们的大意，只是我不曾仔细地思索过罢了。

最近偶然在书店里看见一本《两小时的数学》（*Deux Heures de Mathématique*），觉得书名很奇特，便买了下来。翻读一会儿，觉得它能够替我来解答前面的问题，因此就依据它，写成这篇东西，算是了却一桩心愿。

我常常这样想，数学和辣椒有些相似，没有吃过的人，初次吃到，免不了要叫、要哭，但是如果真吃惯了，不吃却无法生活下去。不只这样，就是吃到满头大汗，两眼泪流，身体上固然忍受着很大的痛苦，精神上却愈加舒畅。

话虽如此，这里却不是真要把这很辣的东西硬叫许多人去吃到流一通大汗，数学实在没有吃辣椒那么辣。

数学的阶段是很严谨的，只能一步一步地走上去。要跳，那简直是妄想，结果只有跌下来。因此先来简单地说几句关于算术、代数、几何的话。

算　术

无论哪一个人要走进数学的园地里去游览一番，一进门碰到的就是算术。这是因为它比较容易，也比较简单，所以易于亲近的缘故。

话虽如此，真要在数学的园地里游个尽兴，到后来你碰到的却又是它了。“整数的理论”就是数学中最难的部分。

你在算术中，经过了加、减、乘、除四道正门，可以看到一座大厅，门上横挂着一块大大的匾，上面写着“整数的性质”五个大字。你走进这个大厅，很快又走了出来，由那里转到分数的庭院去，你当然很高兴。

但是我问你：你在那大厅里究竟得到了什么呢？里面最重要的不是质数吗？1、3、5、7、11、13……你都知道它们是质数了吧？然而，这就够了吗？

随便给你一个数，比如103，你能够用比它小的质数一个一个地去除它，除到最后，得数比除数小而且除不尽，你就决定它是质数。这个方法是非常可靠的，然而真要把它正正经经地拿来用，那就叫你不得不摇头了。

如果我给你的数不是103，而是一个有103位的整数，你还能呆板地用老办法去决定它是不是质数吗？那么，有没有别的办法可以决定一个数是不是质数呢？如果真想知道答案，多请一些人到这座大厅里去转转。

在“整数的理论”中，有很多问题，得到过数学其他部分的帮助，也被解决过一些，所以算术也常常在它的领域内增加新的建筑和点缀，不过不及其他部分来得快罢了。

代　数

走到代数的殿堂上，你学会了解析一次方程式和二次方程式，这自然是值得高兴的事情。算术碰见了四则运算，只要用一两个罗马字母去代替所要求的数，根据题目的已知条件，创建一个方程式，就可以按照法则求出答数来，真是又轻巧又明白！

代数比算术有趣得多、容易得多！但是，这也只是在那殿堂里随便玩玩就走了出来的说法，如果流连在里面，又将看出许多困难了。一次、二次方程式总算会解了，一般的方程式如何解呢?

几　何

几何的这座院子，里面本来是陈列着一些直线和曲线的图形的，所以，你最开始走进去的时候，立刻会感到特别有趣，好像它在数学的园地里，俨然别有天地。

自从笛卡尔（*Descartes*）发现了它和代数院落的通道，这座院子也就不再是孤零零的了，它的内部变得更加充实、富丽。莱布尼茨（*Leibniz*）用解析的方法也促进了它的滋长、繁荣。

的确，用二元一次方程式$y=mx+c$表示直线，用二元二次方程式$x^2+y^2=c^2$和$\frac{x^2}{a^2}+\frac{y^2}{b^2}=1$相应地表示圆和椭圆，实在便利不少。这条路一经发现，来往行人都可以通过，所以解析数学和几何就手挽手地互相扶助着向前发展。

虽然在几何的院子中，有一条单独的出路上竖立着一块“路不通行，游人止步”的牌子。但它也在独自向前发展，从来没有停息。即如，黎曼（*Riemann*）就是走在这条路上的。

题着“位置分析”（*Analysis Situs*），又题着“形学”（*Topologie*）的那间亭子，也是后来新建造的。你要想在里面看见空间的性质以及几何的连续的、纯粹的性相，只需用到那“量度”的抽象观念就够了。

集合论（Théorie des Ensembles）

在物理学的园地里面，有着爱因斯坦（*Einstein*）的相对论原理的新建筑，它所陈列的，是通过灵巧、聪慧的心思和敏锐的洞察力所发现的新定理。

像这种性质的宝物，在数学的园地中，也可以找得到吗？在数学的园地里，走来走去，能够见到的都只是一些老花样、旧古董，像游赏一座荒废的寺庙一样吗？

不，绝不！那些古老的参天大树，那些质朴的、从千百年前遗留下来的亭台楼阁，在这园地里，已然占有重要的地位，非常容易映入游人眼帘。

如果你看到了这些还不满足，请你慢慢地走进去，就可以看到古树林中还有鲜艳的花草，亭楼里面更有新奇的装饰。这些增加了这块园地的美感，充实了这块园地的生命。由它们就可以知道，数学的园地从开辟到现在，从未停止过垦殖。

在其他各种园地里，可以看见灿烂夺目的新点缀，但是常常也可以见到那旧建筑倾倒以后残留的破砖烂瓦。在数学的园地里，却只有欣欣向荣的盛景。这残败的、使人感到凄凉的遗迹，却非常稀少，因为数学的园地有着很牢固的根底。

在数学的园地里，有一种使人感到不可思议的宝物，叫做“无限”（*L'infini mathématique*）。它常常都是一样的吗？它里面究竟包含着些什么，我们能够说明吗？它的意义必须确定吗？

游览到了数学园地中一个新的院落，院墙大门上写着“集合论”三个字，那里面就可以找到这些问题的答案了。这里面是十分有趣的，用一面大的反射镜，可以让你看到这个园地和哲学花园的关联以及它们的通道。

三十年来，康托尔（*Contor*）将超限数（*Des nombres transfinis*）的意义导出，和那物理的园地中惊奇的新建筑同样重要，而且令人惊异！在本文的最后，就要说到它。

1 第一步

我们开始讲正文吧！先从一个极其平常的例子说起。假如我和你两个人同乘一列火车去旅行，在车里非常寂寞。不凑巧，我们既不是诗人，不能从那些经过车窗往后飞奔的田野、树木汲取什么“烟士披里纯[①]”；又不是画家，不能够在刹那间感受到自然界令人震撼的唯美。

我们只有忍受了，总会觉得车子走得很慢，真到不耐烦时，也许感到比我们自己步行还慢。但这全是主观意念，就是同样以为它走得太慢，我们所感到的慢的程度也不一定相等。

我们只管诅咒火车跑得不快，火车一定不肯罢休，要求我们拿出证据来，这一下子有事做了，我们两个人就来测量它的速度吧！你站立在车窗前，数着铁路旁边的电线杆，假定每两根电线杆之间的距离是相等的，同时由我来看着手表，所以我们也就知道了时间。

当看见第一根电线杆的时候，你立刻叫出“1”来，我就注意手表上的秒针在什么地方。当你数到一个数目要停止的时候，又将那个数叫出，我再看手表上的秒针指在什么地方。这样屈指一算，就可以计算出这列火车的速度。

假如计算出来的结果是每分钟走1千米，那么60分钟，就是1小时，火车要走60千米，火车的速度就是每小时60千米。

① 出自徐志摩的诗歌《草上的露珠儿》。是英语 inspiration 的音译，也就是灵感的意思。

无论怎样，我们都不能说它太慢了。

同样地，如果我们知道：一个人12秒钟可以跑100米，一匹马30分钟能跑15千米，我们也可以将这个人每秒钟的速度或这匹马每小时的速度计算出来。

你觉得很容易，但是你真要计算出那火车或人的精确速度来，实际上却很难。比如你另换一个方法，先只注意火车或人从地上的某一点跑到另一点要多长时间，然后用卷尺去丈量这两点的距离，再计算他们的速度，那么多半不会恰好。

火车每小时走60千米，人每12秒钟可跑100米。也许火车走60千米只要$59\frac{3}{10}$分，人跑100米不过$11\frac{3}{5}$秒。只要你有足够的耐心，尽可以去测量几十次或一百次，你一定可以看出来，没有几次的结果是全然相同的。

所以速度的测法，说起来简便，做起来那就难了。你测量了一百次，说不一定没有一次是对的。即使一百次中有一次是对的，你也没办法知道究竟是哪次。归根结底，我们不得不说，只能测量到“相近”的数值。

说到“相近”，也有程度的不同，使用的工具越精良，“相近”的程度就越高，反过来误差就越大。使用极其精密的电子表测量时间，误差可以小于$\frac{1}{100}$秒。我们可以想象，假如使它更精密些，可以使误差小于$\frac{1}{1000}$秒，或者还要更小。但是无论怎样小，都做不到没有误差！

同样地，我们对于一切运动的测量，也只能得出相近的数值。第一，自然是因为要测量运动，总得测量该运动所经过的距离和花费的时间，而这距离和时间的测量就只能得到相近的数值。还不只这样，运动本身也是变动的。

假定一列火车由一个速度变到另一个较大的速度，就是变得更快一些，它绝不能突然就由前一个跳到第二个。那么，在这两个速度当中，有多少不同的中间速度呢？是无限的！而我们的测量方法，却只容许我们计算出一个有限的数值。

我们计算时，时间单位取得越小，所得结果自然越和真实速度相近。但是无论选择的单位是一秒钟或$\frac{1}{10}$秒钟，在相邻两秒钟或两个$\frac{1}{10}$秒钟中，总是有无限的中间速度。

能够确切认知速度原是抽象的，这个抽象速度只存在我们想象之中，我们能够感受，却不能从经验中得到。在我们能够测量的速度中，也许有无限中间速度存在。既然我们已经知道所测的速度不精确，为什么又要用它？这不是在欺骗自己吗？

为了安抚我们低落的情绪以及填补这个缺陷，需要一个理论上精确的数目和一个容许计算到无限制的相近数的理论。顺应这个需要，人们就发现了微积分。

说起来，微积分的发现是一件很有趣的事情。英国的牛顿（*Newton*）和德国的莱布尼茨差不多在同一时间发现了微积分，结果英国人认为微积分是他们的恩赐，德国人也认为这是他们的礼物，各持一词。

其实，牛顿是从运动上研究出来的，而莱布尼茨却是从几何上出发而得来的，只不过殊途同归罢了。这个原理的发现，真是功德无量，现在数学园地中的大部分建筑都用它当坚强柱石，物理园地的飞黄腾达也全倚仗它。这个发现已有三百多年了，它对于我们的科学思想有着巨大的影响。也就是说，假使微积分的原理还没有被发现，现在所谓的文明，一定不会如此辉煌，这绝对不是夸张的话！

2 速 度

朋友，你留意过吗？当你舒舒服服地坐着，因为有什么事需要走开的时候，你起身走的前几步一定比较慢，然后才渐渐地加快。将要到达你的目的地时，你又会慢下来。自然这是一般的情形，赛跑就是例外。

那些运动员在赛跑的时候，即使已经快到终点了，还是会拼命地跑。真要停住，总得先减慢速度，或者就得要人来搀扶，不然就只好跌倒在地上。

还是说火车吧！一列火车最初驶离站台的时候，行驶得多么缓慢平稳，后来渐渐快了起来，在长而直的轨道上奔驰[①]。快要到站的时候，它又渐渐慢了下来，停在站台边。

记好这个速度变化的情况，假使经过两个半小时，火车一共走了125千米。要问这列火车的速度是多少，你怎样回答呢？

我们看见了每一瞬间都在变化的速度，那在某条路线上的一列火车的速度，我们能说得出来吗？能全凭迟钝的测量回答吗？

再举一个例子，然后来讲明白速度的意义。用一块平滑的木板，在上面挖一条光滑的长槽，槽边上刻好厘米、分米和米各种刻度的数值。把一个光滑的小球放在木槽的一端，让它自己向前滚出去，看着秒表，注意这个小球经过1米、2米、3米

① 注意：轨道弯曲的地方，它是不能过快的。

的时间，假设正好是1秒、2秒和3秒。那么这个小球的速度是多少呢？

在这种简单的情形中，这个问题很容易回答：它的速度在3米长的路上总是一样的，每秒钟1米。在这种情形下，我们说这个速度是一个常数。而这种运动，我们称它为等速运动。

一个人骑自行车在一条直路上行走，如果是等速运动，那么它的速度就是常数。我们测得他8秒钟一共走了40米，那么，他的速度便是每秒钟5米。

关于等速运动，如这里所举例的小球的运动、自行车的运动，或其他相似的运动，要计算它们的速度，比较容易。只要考察运动所经过的时间和通过的距离，用所得的时间去除所得的距离，就能够计算出来速度。

再用小球来试试速度不是常数的情形。把球掷到槽上，也让它自己顺势滚出去，我们可以看出它越滚越慢，假设在5米的一端停止了，一共经过10秒钟。这种速度的变化是这样：前半段的速度比在中间时刻的速度大，后半段的速度相对于中间时刻的速度在渐渐减小，到了终点速度便等于零。

我们来推究一下，这样的速度，是不是和等速运动一样，是一个常数呢？

我们说，它10秒钟走过5米，如果它是等速运动，那么它的速度就是每秒钟$\frac{5}{10}$米也就是每秒钟$\frac{1}{2}$米。但是，我们可以明显的看出来，它不是等速运动，所以我们说每秒钟$\frac{1}{2}$米是它的平均速度。

实际上，这个小球的速度先是比每秒钟$\frac{1}{2}$米大，中间有一个时间和它相等，以后又比它小了。假如另外有个球，一直都用这个平均速度运动，经过10秒钟，也刚好到达5米处的地方。

看过这种情形后，我们再来回答前面关于火车速度的问题："假使经过两个半小时，火车一共走了125千米，这列火车的速度是多少呢？"

因为这列火车不是等速运动，我们只能算出它的平均速度。它两个半小时一共走了125千米，我们说，它的平均速度在那条路上是每小时$\frac{125}{\frac{5}{2}}$千米，也就是每小时50千米。

我们来想象一下，当火车从车站开动的时候，同时有一辆汽车也开动，而且也沿着那火车的轨道行驶，不过它的速度总不变，一直是每小时50千米。

起初汽车在火车的前面，后来被火车追上来，到最后，它们却同时到达停车的站点。也就是说，它们都是两个半小时一共走了125千米，所以每小时50千米是汽车的真实速度，但只是火车的平均速度。

通常，如果知道了一种运动的平均速度和它所经过的时间，我们就能够计算出它所通过的路程。那两个半小时一共走了125千米的火车，它有个每小时50千米的平均速度。如果它夜间开始走，从我们的时表上看去，共走了7个小时，我们就可计算出它大约走了350千米。

但是这个说法，实在太笼统了！只是一个总集的测量，忽略了它沿路的运动情形。那么，还有什么方法可以更好地知道那列火车的真实速度呢？

如果我们再有一次新的火车旅行，我们能够从铁路旁边的电线杆上看出千米的数目，又能够从时表上看到火车所行走的时间。每行走1千米所要的时间，我们都记录下来，一直记录到125次，我们就可以得出125个平均速度。

这些平均速度自然全不相同，我们可以说，现在对于火车运动的认识是很详细了。有了那些渐渐加大，又渐渐减小的125个不同的速度，在这一段行程中，火车速度变化的观念，我们基本弄明白了。

但是，这就够了吗？火车在每一千米中间，它是不是等速运动呢？如果我们能够回答一个“是”字，那自然上面所得的结果就够了。

可惜，这个“是”字不好轻易就回答！我们既已知道火车全程不是等速运动，同时却又说，它在每一千米中是等速运动，这种运动的情形实在很难想象得出来。

两个速度不相等的等速运动，是没法直接相连接的。所以我们不得不承认，火车在每一千米内的速度也有不少的变化。这个变化，我们有没有方法把它呈现出来呢？

方法自然是有的，按照前面的方法，比如说，将一千米分成一千段，假如我们又能够测出火车每走一小段的时间，那么我们就可得出它在一千米的行程中的一千个不同的平均速度。这很好，对于火车速度的变化，我们所得到的观念更清晰了。

如果能够将测量做得更精密些，即将每一小段又分成若干个小段，得出它们的平均速度来，那么段数分得越多，我们得出来的不同的平均速度也更多。我们对于火车速度变化的观念，也更加明了。

路程的段落越分越小，时间的间隔也就越来越近，所得的结果也就越精密。然而，无论怎样，所得出来的总是平均速度。而且，这种分段求平均速度的方法，实际要动起手来，那就有个限度了。

如果想求物体转动或落下的速度，即如行星运转的速度，我们必须取出些距离，如果那速度不是一个常数，距离就取尽可能小，根据它在各段距离中经过的时间，就能得到一些平均速度。这一点必须注意，所得到的只是一些平均速度。

归根结底，我们所有的科学实验或日常经验，都由一种连续而有规律的形式，形成一个有变化的运动的观念[1]。我们不能够明明白白地辨认出比较大的速度或比较小的速度当中任何速度的变化。虽是这样，我们却可以想象在任意两个相邻的速度中间，总有无数个中间速度存在着。

为了测量速度，我们把空间分割成一些有规则的小段落，而在每一小段落中，注意它所经过的时间，就能求出相应的“平均速度”，这是上面已说过的方法。

空间的段落越小，得出来的平均速度越接近，也就越接近真实速度。但是无论怎样，都不能完全达到真实的境界，因为我们的这种想法总是不连续的，而运动却是一个连续的量。

我们用计算“无限小”的方法所推证得出的结果来调和这论据和实验的差别，这是非常困难的，但是这种困难在很久以前就很清楚了，即如大家都知道的芝诺（*Zeno of Elea*）和他著名的芝诺悖论（*Zeno's paradox*）。

所谓“飞矢不动”，就是一个很好的例子。既然说那矢是飞的，怎么又说它不动呢?《庄子》上面讲到公孙龙那班人的辩术，就引“镞矢之疾也，而有不行不止之时”这一条。不行

① 除了冲击和突然静止，这些是让人难分析出它们的运动情形的。

不止，是怎样一回事呢？这比芝诺的话更玄妙了。

从我们的理性去判断，这自然只是种诡辩，但是要找出芝诺论证的错误，而将它推翻，却也不容易。芝诺利用这个矛盾的推论来否定运动的可能性，他却没有怀疑他的推论方法究竟有没有错误。这却给了我们一个机会，让我们去寻找新的推论方法，并且把一些新的概念弄得更精准。

关于“飞矢不动”这个悖论，可以这样说：

飞矢是不动的。因为在它行程上的每一刹那，它总占据着某一个固定的位置。所谓占据着一个固定的位置，那就是静止。但是一个一个的静止连接在一起，无论有多少个，它都只有一个静止的状态。所以说飞矢是不动的。

这里要注意这一点，芝诺的推论法，是把时间细细地分成了极小的间隔，使得反对派中的一些人推想到，这个悖论的奥妙就藏在运动的连续性里面。

运动是连续的，我们从前面的例子中已经明白了。但是，这个运动的连续性，芝诺在无限地细分时间间隔的时候，却将它忽略了。

从前，希腊人理解的连续性，是靠直觉的。我们现在讲的却是由推论得来的连续性。对于解答“飞矢不动”这个悖论，显而易见，它是必要条件，但是并不充足。我们必须要精密地确定“极限”的意义，因为计算“无限小”的时候，就要使用到它。

依照前面的说法，似乎我们对于从前的希腊哲人，如芝诺之辈，有些失敬了。然而，我们可以看出来，他们的悖论虽然不合乎真理，但是他们已经认识到直觉和推理中的矛盾了！那么，怎样才能弥补这个缺憾呢？

找出一个实用的方法来，确保测量的精密性，使所得的结果更接近于真实，是不是就可以解决这样的问题了呢？

这本来只是关于机械一方面的事，但是以后我们就可以看出来，即使将来实际所得的结果可以超越现在的结果，根本的问题却还是解答不出来。无论研究方法多么完善，总是要和一串不连续的数字连在一起，所以不能表示连续的变化。

真实的解答是要创造一种在理论上有可能性的计算方法，来表示一个连续的运动，能够在我们的理性上面，严密地讲明这个连续性，和我们的精神所要求的一样。

3 函数和变数

科学上使用的名词，都有它严格意义上的定义，但是太乏味了。什么叫函数？我们姑且先来举个不大合适的例子。

我想先把“数”字的意思放宽一些。我可以告诉你，在社会中，“女子就是男子的函数”。但是你不要误会，以为我是在说女子应当是男子的奴隶。我想说的只是女子的地位是随着男子的地位变化而变化的。

写到这里，忽然笔锋一转，记起一段戏文上的笑话。有一个穷书生，娶了一个有钱人家女儿做老婆，因此，平日就以怕老婆而出名。后来，他运道亨通了，进京赶考，居然高榜及第。

他身上披起了蓝衫，许多人侍候着。回到家里，一心以为这回可以向他的老婆炫耀了。哪知道老婆见了他，仍然是神气活现的样子。

他觉得有些奇怪，于是问：“从前我穷，你向我摆架子，现在我做了官，为什么你还要摆架子呢？”

老婆的回答很妙：“亏得你是一个读书人，还做了官，‘水涨船高’你都不知道吗？”

你懂得“水涨船高”吗？船的高低，是随着水的涨落而变化的。用数学上的话来说，船的位置就是水的涨落的函数。说“女子是男子的函数”，也就是同样的理由。

在家从父，出嫁从夫，夫死从子，这已经有点像函数的样子了。如果还嫌粗略，我们不妨再精细一点说。女子一生下来，父亲是知识阶级，或官僚政客，她就是千金小姐；如果父亲是农夫，她就是丫头。

这个地位一直到了她嫁人以后才会发生改变。嫁的是大官僚，她便是夫人；嫁的是小官僚，她便是太太；嫁的是教师，她便是师母；嫁的是商人，她便是老板娘；嫁的是x，她就是y，y总是随着x变化的。所以我说，女子是男子的函数，y是x的函数。

不过，这里只是用来作比，女子的地位虽然因为她所嫁的男子而不同，但并非这些人彼此之间真有轻重的差别，所以无法用数量来表示。说是函数，终究有些勉强。

真要明白函数的意思，我们还是来举一个别的例子吧！请你将一支点燃的蜡烛放在离你的嘴一米远的地方，如果你向着火焰吹一口气，火焰就会歪开、闪动，甚至熄灭。如果熄灭了也不要紧，重新点燃好了。

请你将那支蜡烛放到离你的嘴三米远的地方，你照样再向那火焰吹一口气，它虽然也会歪开、闪动，却没有前一次厉害了。你不要怕麻烦，这是科学上的实验态度。

你向着蜡烛走近，又退远，吹那火焰，看它歪开和闪动的情形。你可以毫不费力地证实距离火焰越远，它歪开得越少。我们就说，火焰歪开的程度是蜡烛和嘴距离的函数。

我们还能够决定这个函数的性质，我们称这种函数是减函数。当蜡烛和嘴的距离渐渐加大的时候，火焰歪开的程度（函数）却逐渐减小。

现在，将蜡烛放在固定的位置，你也站好不要再走动，这样蜡烛和嘴的距离便是固定的了。你再来吹火焰，随着你吹气的强或弱，火焰歪开的程度也就随之大或小。这样看来，火焰歪开的程度，也是吹气强度的函数。

不过，这个函数又是另外一种，性质和前面有点不同，我们称它是增函数。当吹气的强度渐渐加大的时候，火焰歪开的程度（函数）也逐渐加大。

所以，一种现象可以不只是一种情景的函数，即火焰歪开的程度是吹气强度的升函数，又是蜡烛和嘴距离的减函数。

在这里，有几点应当同时注意到：第一，火焰会歪开，是因为你在吹它；第二，歪开的程度有大小，是因为蜡烛和嘴的距离有远近，以及你吹的气有强弱。

如果你不去吹，它自然不会歪开。如果你去吹，蜡烛和嘴的距离，以及你吹的气的强弱，每次都是一样，那么，它歪开的程度也没有什么变化。

所以函数是随着别的数而变化的，前提是别的数先发生变化。这种可以改变的数，我们称它为变量或变数。火焰歪开的程度，我们说它是依靠着两个变量的函数。

比如，在日常生活中，你用一把锤子去敲钉子，那么锤子施加到钉子上的力量，就是锤的重量和它敲下去的速度这两个变量的增函数。

又比如，火炉喷出的热力，就是炉孔面积的函数。因为炉孔加大，火炉喷出的热力就会渐渐减弱。只要你肯留意，类似的例子，随处可见。

你会感到奇怪了吧？数学是一门多么精密、深奥的学科，从这种日常生活中的事件，凭借一点简单的推理，怎么就能够联系到函数的概念上去呢？通过我们常识性的解释又如何发现函数的意义呢？我们再来讲一个能够精确测量的例子。

我们用一个可以测定它的变量的函数来做例子，就可以发现函数的数学意义。在锅里热着一锅水，放一支寒暑表在水里面，你注意去观察寒暑表的水银柱。

你守在锅边，将看到水银柱的高度一直是在变动的，经过的时间越长，它上升得越高。水银柱的高度，就是水温的函数。这就是说，水银柱的高度是随着水量和水温的变化而变化的。

所以，如果测得了所供给的热量，又测得了水量，你就能够计算出它们的函数，即水银柱的高度。

对于同量的水增加热量，或是相同的热量减少水量，这时水银柱一定会上升得高些，这个高度我们是有办法算出的。

由此可见，无论变量也好，函数也好，它们的值都是不断变动的。以后我们讲到的变量中，特别指出一个或几个来，把它们叫做独立变量。其余的叫做倚变量，或是这些变量的函数。

对于变量的每一个数值，它的函数都有一个相应的数值。如果我们知道了变量的数值，就可以确定它的函数的相应数值时，我们就称这个函数为已知函数。

即如前面的例子，如果我们知道了物理学上供给热量对水所起的变化的法则，那么，水银柱的高度就是一个已知函数。

我们再来举一个非常简单的例子，还是回到等速运动上去。有一个小孩子，每分钟可以爬5米远，他所爬的距离就是所爬时间的函数。假如他爬的时间用t来表示，那么他爬的距离d便是t的函数。在初等代数中，你已经知道距离和时间的关系，可以用下面的式子来表示：

$$d=5t.$$

如果仿照函数的表示法写出来，因为d是t的函数，所以又可以用$f(t)$来代表d，那就可以写成：

$f(t)=5t.$

从这个式子中，我们如果知道了t的数值，它的函数$f(t)$的相应数值也就可以计算出来了。

比如，这个在地上爬的小孩子是你弟弟，他是从你家大门口一直爬出去的，恰好你家对面30多米的地方有一条小河。

你坐在家里，一个朋友从外面跑来说看见你的弟弟正在向小河的方向爬去。他从看见你的弟弟到和你说话正好三分钟。那么，你一点都不用慌张，你的弟弟一定还没有掉到河里。

因为你已经知道了t的数值是3，那么$f(t)$相应的数值便是$5\times3=15$米，距那离你家30多米远的小河还远着呢！

以下要讲到的函数，我们在这里来说明而且规定它的一个重要性质，即函数的连续性。

在上面所举的例子中，那些函数都受到变量连续变化的影响，随之从一个数值变到另一个数值，也是连续的。

在两端的数值当中，它们经过了那里面的所有中间数值。比如，水的温度连续地升高，水银柱的高也连续地从最初的高度，经过所有中间的高度，达到最后一步。

你试取两桶温度相差不多的水，例如，甲桶的水温是30℃，乙桶的水温是32℃，各放一支寒暑表在里面，前者水银柱的高是15厘米，后者是16厘米。

这是很容易看出来的，对于2℃温度的差（这是变量），相应的水银柱的高（函数）的差是1厘米。假如你将乙桶的水温降到31.6℃，那么，这支寒暑表的水银柱高就会变成15.8厘米，而水银柱高的差就变成0.8厘米了。

显然，乙桶水温从32℃降到31.6℃，中间所有温度差所对应的两支寒暑表的水银柱高的差，是在1厘米和0.8厘米之间。

也可以反过来说，我们能够得到两支寒暑表的水银柱高的差（比如是0.4厘米）对应到某个固定温度的差（比如0.8℃）。但是，无论我们怎样弄，如果永远不能使那两桶水的温差小于0.8℃，那么两支寒暑表的水银柱高的差也就永远不会小于0.4厘米了。

最后，如果两桶水的温度相等，那么水银柱的高也一样。假设温度是31℃，相应的水银柱的高便是15.5厘米。我们必须要把甲桶水加热到31℃，而把乙桶水冷却到31℃，这时两支寒暑表的水银柱一个是上升，一个却是下降，结果都到了15.5厘米的高度。

推及到一般的情形中，当考察一个连续函数的时候，我们就可以证实：当变量接近或“伸张”到一个定值的时候，那函数也“伸张”。经过一些中间值，“达到”一个相应的值，而且总是达到这个相同的值。

不仅如此，函数要达到这个值，那变量也就必须达到它相应的值。并且，当变量保持一定值时，函数也保持着那相应的一定值。这个说法，就是连续函数精确的数学定义。由物理学的研究，我们证明了这个定义对于物理的函数是正相符合的。

尤其是运动，它表明了连续函数的性质：运动所经过的空间是一个时间函数，只有冲击和反击现象是例外。再说回去，我们由实测不能得到运动的连续，直觉却有力量使我们感受到它。多么光荣呀，我们的直觉能结出这般丰盛的果实！

4 无限小的变数——诱导函数

现在还是来说关于运动的现象。有一条大路或是一条小槽，在那条路上有一个轮子正在转动着，或是在这小槽里有一个小球正在滚动着。

如果我们想找出它们运动的法则，并且要计算出它们在行进中的速度，比前面还要精密的方法，究竟有没有呢？

现在用一条线表示路径，用一些点来表示在这条路上运动的物体。这么一来，我们所要研究的问题，就变成了一个点在一条线上的运动法则和这个点在行进中的速度。

索性更简单一些，就用一条射线来表示路径：这条射线从点O起，无限地向着箭头所指示的方向延伸出去。

在这条射线上，按照同一方向，有一点P连续地运动着，它运动的起点也就是点O。对于这个不停运动的点P，我们能够求出它在那条射线上的位置吗？

是的，只要我们知道在每个时间t，这个运动着的点P距离点O有多远，那么，它的位置也就能够确定了。

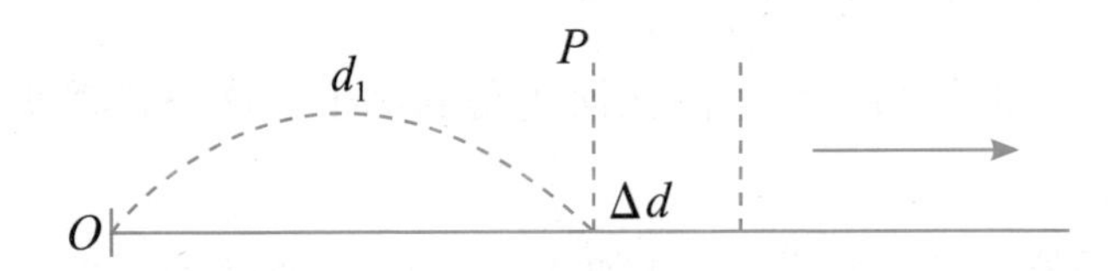

和之前的例子一样，在连续运动中，在空间的路径是时间的连续函数。

预先假定这个函数是已知的，不过这并不能解决我们所要讨论的问题。我们还不知道在这个运动当中，点P的速度究竟是怎样的，也不知道它的速度有什么变化。经过我这么一提醒，你将要失望地皱眉头了，是不是？

且慢，不用着急，我们请出一件法宝来，这些问题就迎刃而解了！它的名字叫做诱导函数法。它便是数学园地当中，挂有“微分法”这个匾额的那座亭台的基石。

物体的运动本来就是通过时间和空间关系的变化变现出来的。如果你老是闭着眼睛，心里不耐烦，有度日如年之感，即使一只花蝴蝶在你面前蹁跹飞舞着，你也不会知道它在这么有兴致地动呢？

原来，你闭了眼睛，你面前的空间有怎样的变化，你真是茫然了。同样地，尽管空间有变化，但是如果你根本就没有时间感觉，你也没有办法理解运动是怎么一回事！

如果对于测得的每一个时间t，我们都能够计算出距离d的数值来，那么这就是某种情形当中时间和空间关系的变化已经被我们知晓了。那运动的法则，我们自然而然也就知道了！我们就说：

距离是时间的已知函数，简便一些，我们说d是t的已知函数，或者写成$d=f(t)$

对于你的弟弟在大门往河边爬的例子，这公式就变成了$d=5t$。

另外随便举个例子，比如$d=3t+5$，这时就有了两个不同的运动法则。假如时间用分钟计算，距离用米计算。在第一个式子中，如果时间t是10分钟，那么距离d就是50米。但是在第二个式子中，$d=3t+5$所表示的是运动的法则，10分钟的时间，那距离却是$d=3\times10+5$，便是距离出发点35米。

计算速度，首先必须得注意，要能计算无限小的变动的速度，换句话说，就是要能够计算任何刹那的速度。

为了表示一个很小的数值，我们就在它的前面加上一个希腊字母Δ（*delta*），所以Δt就表示一个极小的时间间隔。在这个时间当中，一个运动的物体所经过的路程自然很短，我们就用Δd表示。

现在我问你，那点P在时间Δt的间隔中，它的平均速度是多少呢？你没有忘掉吧！物体运动的平均速度等于运动所经过的时间去除它所经过的距离。所以这里，你可以这样回答我：

$$\text{平均速度}\ \bar{v}=\frac{\Delta d}{\Delta t}$$

这个回答一点没错，虽然现在的时间间隔和空间距离都很小很小，但是要求在这个很小的时间当中物体运动的平均速度，还是只有这么一个老办法。

因为时间和空间所取的数值都很小，所以这里所说的平均速度很有用。要得出真实速度而非平均速度，就要求物体的运动只是一刹那的，而非延续在一个时间间隔当中，我们只需把Δt无限地减小下去就行了。

因为在一刹那时间t，运动的距离是d，在和t非常相近的时间，我们用$t+\Delta t$来表示，那么，相应地就有一个距离$d+\Delta d$和d非常相近。并且Δt越减小，Δd也越小。

这样一来，我们所测定的时间，当它的数值非常小，差不多和零相近的时候，会得出什么结果呢？换句话说，就是时间

Δt近于零的时候，$\frac{\Delta d}{\Delta t}$的值的变化却很微小。因为分子$\Delta d$和分母$\Delta t$虽然都在变动，但是它们的比值却相差不多。

对于平均速度$\frac{\Delta d}{\Delta t}$，因为$\Delta t$同$\Delta d$无限减小，最终就会到达一个和定值$v$相差几乎是零的地步。关于这种情形，我们就说：

当Δt和Δd近于0的时候，v是$\frac{\Delta d}{\Delta t}$的比值的极限（limit）。

$\frac{\Delta d}{\Delta t}$既是平均速度，它的极限$v$就是在时间间隔和相应的空间，都近于零的时候，平均速度的极限。

因此，v便是在一刹那时间t动点的速度。将上面的话联合起来，可以写成：

$v=\lim\limits_{\Delta t\to 0}\frac{\Delta d}{\Delta t}$（$\Delta t\to 0$表示$\Delta t$近于0的意思）

寻找$\frac{\Delta d}{\Delta t}$的极限值的计算方法，我们就叫它是诱导函数法。

极限值v也有一个不大顺口的名字，叫做“空间d对于时间t的诱导函数”。

有了这个名字，我们说起速度来就方便了。什么是速度？它就是“空间对于一瞬的时间的诱导函数”。

我们又可以回到芝诺的“飞矢不动”的悖论上去了。对于他的错误，在这里还能够加以说明。芝诺所用来解释他的悖论的方法，无论多么巧妙，但是摆在我们眼前的事实，总是不能让我们相信飞矢是不动的。

你总看过变戏法吧？你明知道，那些使你看了吃惊到目瞪口呆的把戏都是假的，但是你总找不出漏洞来。我们如果没有充足的论据来攻破芝诺的推论，那么，对于他这巧妙的悖论，也只能感到吃惊了。

现在，我们再用一种工具来攻打芝诺的推论。古人虽然也懂得速度的意义，但却没有关于无限小的量的观念。他们以为无限小就是等于零，并没有什么特别。芝诺在他的推论法中这样说，“在每一刹那，那矢是静止的”。我们不妨问问自己，在每一刹那，那矢的位置是静止的，和一个静止的东西一样吗？

再举个例子来说，假如有两支同样的矢，其中一支用了比另一支快一倍的速度飞动。在它们正飞着的空隙，依照芝诺的想法，每一刹那它们都是静止的，而且无论飞得快的一支或是慢的一支，它们的静止情形也没有什么区别，它们的速度无论在哪一刹那，都等于零。

但是，我们已经看明白了，要想求出一个速度的精准值，必须要用到无限小的量，以及它们的相互关系。上面已经讲过，这种关系是可以有一个确定的极限的。而这个极限，又恰巧可以表示出我们所设想的一刹那时间的速度。

所以，在我们的脑海里，和芝诺就有点不同了！那两支矢在一刹那的时间，它们的速度并不等于零：每支都保持各自的速度，在同一刹那的时间，快的一支的速度总比慢的一支的速度大一倍。

把芝诺的思想，用我们的话来说，可以得出这样一个结论：他推证出来的好像是两个无限小的量，它们的关系必须等于零。对于无限小的时间，依照他的想法，那相应的距离总是零，这样你会觉得有点可笑了，是不是？

速度，我们把它当作是距离和时间的一种关系，所以在我们看来，那飞矢总是动的。说得明白点就是：在每一刹那，它总保持一个并不等于零的速度飞动着。

接下来，我们就来看一个计算诱导函数的例子，先选一个非常简单的运动法则，就以你的弟弟在大门外爬行为例：

$$d=5t \quad (1)$$

无论在哪一刹那时间t，最后他所爬的距离总是：

$$d_1=5t_1 \quad (2)$$

我们就来计算你的弟弟在地上爬时，这一刹那的速度，就是找空间d对于时间t的诱导函数。

假如有一个极小的时间间隔Δt，就是说刚好接连着t_1的一刹那$t_1+\Delta t$，在这时候，那运动着的点，经过了空间Δd，它的距离就应当是：

$$d_1+\Delta d=5(t_1+\Delta t) \quad (3)$$

这个小小的距离Δd，我们要用来做成这个比$\frac{\Delta d}{\Delta t}$的，所以我们可以先把它找出来。从(3)式的两边减去d_1便得：

$$\Delta d=5(t_1+\Delta t)-d_1 \quad (4)$$

但是(2)式告诉我们说$d_1=5t_1$，将这个关系代进去，我们就可以得到：

$$\Delta d=5(t_1+\Delta t)-5t_1$$

在时间Δt当中的平均速度，前面说过是$\frac{\Delta d}{\Delta t}$，我们要找出这个比等于什么，只需将$\Delta t$除前一个式子的两边就好了。

$$\therefore \frac{\Delta d}{\Delta t}=\frac{5(t_1+\Delta t)-5t_1}{\Delta t}=\frac{5t_1+5\Delta t-5t_1}{\Delta t}$$

化简便是：

$$\frac{\Delta d}{\Delta t}=\frac{5\Delta t}{\Delta t}=5$$

从这个例子看来（$\frac{\Delta d}{\Delta t}$），无论$\Delta t$怎样减小，$\frac{\Delta d}{\Delta t}$总是一个常数。因此，即使我们将$\Delta t$的值尽量地减小，到了简直要等于零的地步，那速度$v$的值，在$t_1$这一刹那，也是等于5，也就是诱导函数等于5，所以：

$$v=\lim_{\Delta t\to 0}\frac{\Delta d}{\Delta t}=5$$

这个式子表明，无论在哪一刹那，速度都是一样的，都等于5。速度既然保持着一个常数，那么这个运动便是等速运动了。

不过，这个例子非常简单，所以要求出它的结果也非常容易。至于一般的例子，往往就很麻烦，做起来并不像这般轻巧。

就现实的情形来说，$d=5t$这个运动法则，明确指出运动所经过的路程（比如用米做单位）总是运动所经过的时间（比如用分钟做单位）的5倍。一分钟你的弟弟在地上爬5米，两分钟便爬了10米，所以，他的速度总是等于每分钟5米。

再另外举一个简单的运动法则做例子，不过它的计算却没有前一个例子简便。假如有一种运动，它的法则是：

$$e=t^2 \qquad (1)$$

依照这个法则，时间用秒做单位，路程用米做单位。那么，在2秒钟的结尾，它所经过的路程应当是4米；在3秒钟的结尾，应当是9米……照这样推下去，路程总是时间的平方。所以在10秒钟的结尾，所经过的路程便是100米。

还是用路程对于时间的诱导函数来计算这个运动的速度吧！

为了找出诱导函数来，在时间t的任一刹那，设想这时间增加了很小的一点Δt。在这Δt很小的一刹那当中，运动所经过的距离e也加上很小的一点Δe。从（1）式我们可以得出：

$$e+\Delta e=(t+\Delta t)^2 \qquad (2)$$

现在，我们就可以从这个式子中求出Δe和时间t的关系了。在（2）式里面，两边都减去e，便得：

$$\Delta e=(t+\Delta t)^2-e$$

因为$e=t^2$，将这个值代进去：

$$\Delta e=(t+\Delta t)^2-t^2 \qquad (3)$$

到了这里，我们将式子的右边简化。这第一步就非将括号去掉不可。朋友！你也许忘掉了吧？我问你，$(t+\Delta t)^2$去掉括号应当等于什么呢？它应当是：

$$t^2+2t\times\Delta t+(\Delta t)^2$$

所以（3）式又可以写成下面的形式：

$$\Delta e=t^2+2t\times\Delta t+(\Delta t)^2-t^2$$

式子的右边有两个t^2，一个正一个负恰好抵消，式子也更简单些：

$$\Delta e = 2t \times \Delta t + (\Delta t)^2 \qquad (4)$$

接着就来找平均速度$\frac{\Delta e}{\Delta t}$，应当将$\Delta t$去除（4）式的两边：

$$\frac{\Delta e}{\Delta t} = \frac{2t \times \Delta t}{\Delta t} + \frac{(\Delta t)^2}{\Delta t} \qquad (5)$$

现在再把式子右边的两项中分子和分母的公因数Δt抵消，只剩下：

$$\frac{\Delta e}{\Delta t} = 2t + \Delta t \qquad (6)$$

如果我们所取的Δt真是小得难以形容，简直几乎就和零一样，这就可以得出平均速度的极限：

$$\lim_{\Delta t \to 0} \frac{\Delta e}{\Delta t} = 2t + 0$$

于是，我们就知道在刹那时间t时，速度v和时间t的关系是：

$$v = 2t$$

你把这个结果和前一个例子的结果比较一下，你总可以看出它们有些不一样吧！最明显地，就是前一个例子的v总是5，和t没有关系。

这里却没有那么简单，速度总是时间t的2倍。所以恰在第一秒末的一刹那，速度是2米，但是恰在第二秒末的一刹那，却是4米了。这样推下去，每秒末的一刹那的速度都不同，所以这种运动不是等速的。

5 诱导函数的几何表示法

无限小计算法，真可以算是一件法宝，你在数学的园地中，走来走去，都可以看见它。

在几何的院落里，更可以看出它有多么玲珑。老实说，几何的院落现在如此繁荣、美丽，受了它不少恩赐。牛顿发现了它，莱布尼茨也发现了它。但是他们俩并没有打过招呼，所以他们走的路也不同。

莱布尼茨是在几何的院落里玩得兴致很浓，想在那里面增加一些点缀，为了要解决一个极有趣味的问题时，才发现了无限小，而且最大限度发挥了它的作用。

在几何中，“切线”这个名词，你不知碰见过多少次了吧？所谓切线，按照通常的说法，就是和一条曲线刚好只有一点相碰的一条直线。

莱布尼茨在几何的园地中，要解决的问题就是：在任意一条曲线上的任意一点，引出一条切线的方法。有些曲线，比如圆或椭圆，要在它们的上面任意一点引出一条切线，学过几何的人都知道这个方法。

但是对于别的曲线，依照样式却不能将那葫芦画出来。究竟一般的方法是怎样的呢？在几何的院落里，曾有许多人想找到打开这道门的锁匙，但都没有成功！

和莱布尼茨同时游赏数学的园地，而且在里面加上一些建筑或装饰的人，曾经找到过一条适当而且开阔的道路，然后去探寻各种曲线的奥秘：

> 笛卡尔就在代数和几何两座院落当中修筑了一条通路，这便是挂着“解析几何”牌子的那些地方。

根据解析几何的方法，数学的关系可以用几何的图形表示出来，而一条曲线也可以用等式的形式去记录它。这个方法真是太神奇了！

要说明这个方法的用途，我们先来举一个简单的例子。你取一张白色的纸钉在桌面上，并且预备好一把尺子、一块三角板、一支铅笔和一块橡皮。你用铅笔在纸上画一个小黑点，马上用橡皮将它擦去。你有什么方法能够将那个黑点的位置再找出来吗？

你真将它擦到一点痕迹都不留，无论如何你再也没法把它找回来了。所以在一张纸上，要确定一个点的位置，方法非常重要。

要确定一个点在纸上的位置，方法不止一个，还是选择一个容易明白的吧。

你用三角板和铅笔，在纸上画一条水平线OH和一条垂直线OV。假如点P是那位置应当确定的点，你由点P引出两条直线，一条水平的和一条垂直的（图中的虚线），这两条直线和OH，OV相交于点M和点N，你用尺子去量OM和ON。假如量出来，OM等于3厘米，ON等于4厘米。

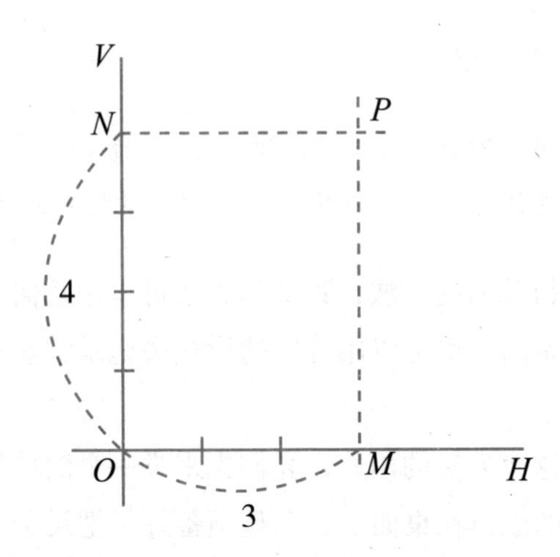

现在你把点P和两条虚线都用橡皮擦去，只留下用作标准的两条直线OH和OV，那么你只需注意到OM和ON的长度，找出点P就很容易了。实际就是这样做法：

> 从点O起在水平线OH上量出3厘米的一点M，还是从点O起，在垂直线OV上量出4厘米的一点N。接着，从M画一条垂直线，又从N画一条水平线。这两条线相交的一点，便是你所要找的P点。

这个方法是比较简便的，但并不是独一无二的。这里用到的是两个数，一个垂直距离和一个水平距离。但如果另外选两个适当的数，也可以确定平面上一点的位置，不过别的方法都没有这个方法浅显易懂。

你在平面几何中曾经学过一条定理：不平行的两条直线如果不是完全重合，那么它们就只能有一个交点。所以，我们用一条垂直线和一条水平线，所能决定的点只有一个。

依照同样的方法，用距点O不同的垂直线和水平线便可确定许多位置不同的点。你不相信吗？那就用你的三角板和铅笔，随便画几条垂直线和水平线来看看。

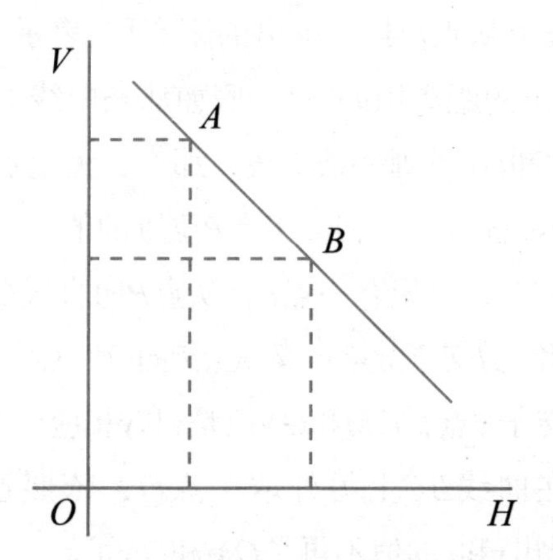

平面几何中还有一条定理，那就是通过两个定点一定能够画出一条直线，而且也只能够画出一条。所以如果你先在纸上画一条直线，只任意留下了两点，便将整条线擦去，那么，你只需用尺子和铅笔将所留的两点连起来，就是原来的直线了。

你试试看，前后两条直线的位置有什么不同的地方吗？

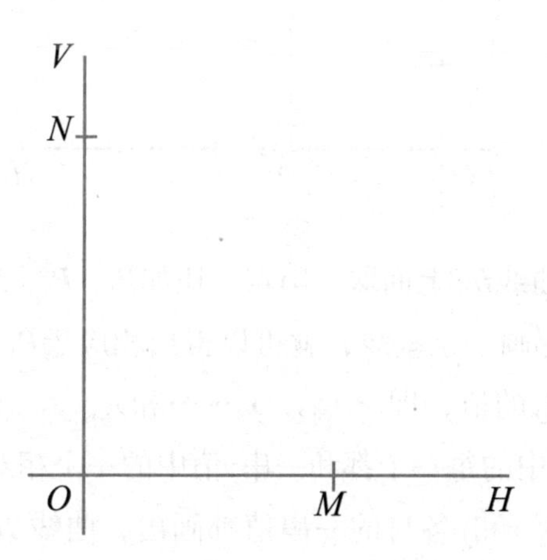

前面说的只是点的位置，现在，我们更进一步来研究任意一条曲线，或是弧线，我们也能够将它表示出来吗?

在水平线上从点O起，量出的距离用x表示，在垂直线上从点O起，量出的距离用y表示。假如那条曲线上有一点P，从点P向直线OH和OV各画一条垂线，那么，无论点P在曲线上什么位置，x和y都各有一个相应于点P位置的值。

在曲线BC上，设想有一点P，从点P向直线OH画一条垂线PM，假如它和OH交于M点；又从点P向OV也画一条垂线PN，假如它和OV交于N点，OM和ON便是x和y相应于P点的值。

你试着在曲线BC上另外取一点Q，依照这个方法做一下，就可以看出x和y的值不再是OM和ON了。

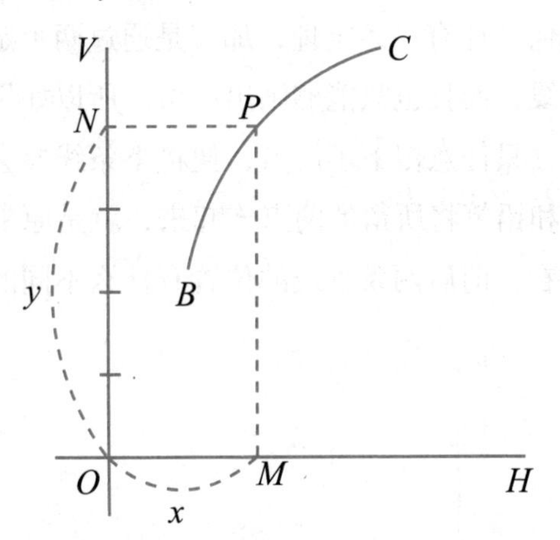

接连在曲线BC上面取一串点，比如P_1、P_2、P_3……从各点向OH和OV都画一条垂线，就可以得出相应于P_1、P_2、P_3……这些点的x和y的值，即x_1，x_2，x_3……和y_1，y_2，y_3……显而易见，一串x值中的每一个都和一串y值中的一个相对应。

如果已将x和y各自的一串值都画出，曲线BC的位置大体也就确定了。所以，实际上，你如果把P_1、P_2、P_3……这一串点保留，而将曲线BC擦去，和前面画直线一样，你就有方法能再把它找出来。

因为x的每一个值，都相应于y的一串值中的一个，所以要决定曲线上的一点，我们就在OH上从点O起取一段长等于x的值，又在OV上从点O起取一段长等于相应于它的y的值。那么，这一点，就和前面讲过的例子一样，完全可以确定。

用同样的方法，将x的一串值和y的一串值都画出来P_1、P_2、P_3……这一串的点也就确定了，同样也可以将曲线BC画出来。

在平面几何学中你还学过一条定理，不在一条直线上的三点就可以画出一个圆周。但是一般的曲线，要有多少点才能把它画出来呢？

曲线是弯来弯去的，在实际的操作中，必须要画出很多互相挨得很近的点，才可以大体画出那条曲线。并且如果没有别的方法加以证明，你这样画出的曲线总只是一条相近的曲线。

话说回来，把以前所讲过函数的定义和表示x和y的一串值的方法对照一番，真是有趣极了！

我们既说，每一个x的值，都相应于y的一串值中的一个，就可以说y是x的函数。反之，就可以说x是y的函数。从这一点来看，有些函数是可以用几何方法表示的。

比如，y是x的函数，用几何的方法来表示就是这样：有一条曲线BC，假如x等于OM，我们实际上就可知道相应于它的y的值是ON。

所以从解析几何上来看，一个函数是代表一条曲线的。但从代数，一条曲线就表示一个函数。这简直是合则双美的事情。

要反过来说，也是非常容易的。假如有一个函数：

$y=f(x)$

我们可以给这个函数一个几何的说明。还是先画两条互相垂直的直线*OH*和*OV*，在水平线*OH*上面取出x的一串值，而在垂直线*OV*上面取出y的一串值。

然后从各点都画*OH*或*OV*的垂线，从x和y的两两相应的值所画出的两垂线都有一个交点。这些点集合起来就画出了一条曲线，这条曲线就表示出了我们的函数。

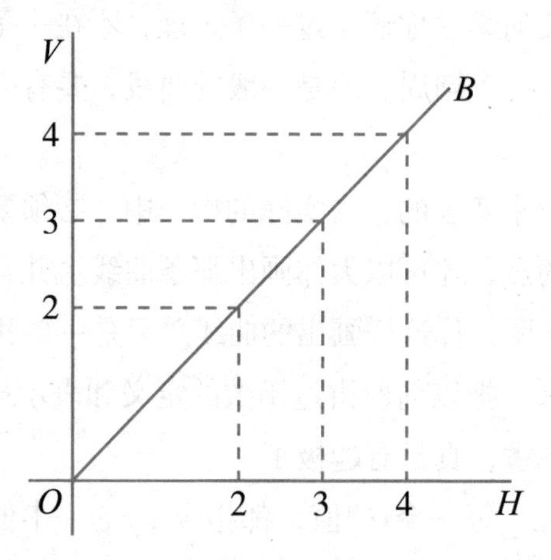

举一个非常简单的例吧！假如那已知的函数是：$y=x$，表示它的曲线是什么？

先随便选一个x的值，例如$x=2$，那么相应于它的y的值也是2，所以相应于这一对值的曲线上的一点，就是从$x=2$和$y=2$这两点画出的两条垂线的交点。

同样，由$x=3$，$x=4$……得出$y=3$，$y=4$……并且得出一串相应的点。那么连接这些点的时候，就是我们需要表示的函数曲线。

在图上画出的明明是一条直线，为什么我们却亲切地叫它曲线呢？其实这里我们说曲线变成了直线，只是特别的情形而已。

还有更特别的，它不但是直线，而且和水平线OH以及垂直线OV所成的角还是相等的，恰好45度，就好像你把一张正方形的纸对角折出来的那条折痕一般。

原来是要讲切线的，却越说越远了，现在回到本题上面来吧！为了确定切线的意义，先设想一条曲线c，在这曲线上取一点P，过P点引一条割线AB，和曲线c又在P'点相交。

请你将P'点慢慢地在曲线上向着P点这边移过来，你可以看出，当你移动P'点的时候，AB的位置也跟着变了。它绕着固定的P点，依着箭头所指的方向慢慢地转动。

到了P'点和P点相碰在一起的时候，这条直线AB便不再割断曲线c，只和它在P相交了。换句话说，就是在这个时候，直线AB变成了曲线c的切线。

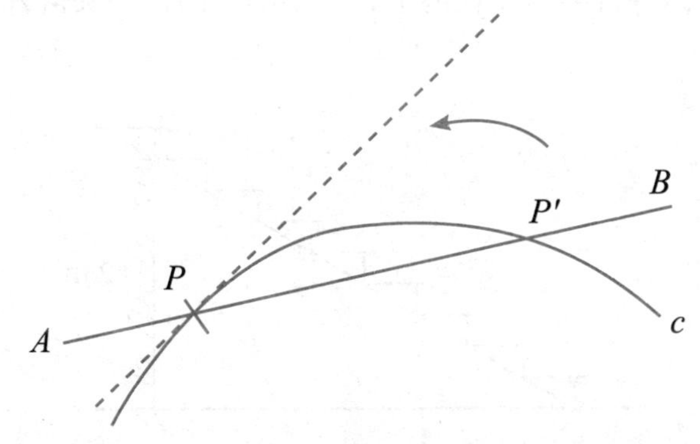

再用到我们的水平线OH和垂直线OV。曲线c表示一个函数。如果能够算出切线AB和水平线OH所夹的角，或是说AB对于OH的倾斜率，以及P点在曲线c上的位置。那么，过P点就可以画出切线AB了。

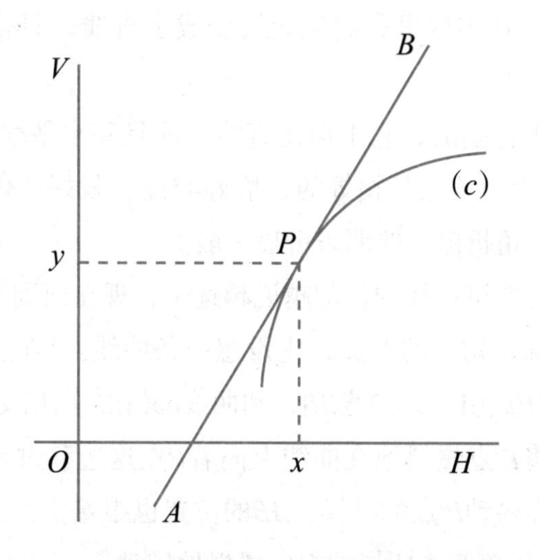

这么一来，我们又遇到难题了！怎样可以算出AB对于OH的倾斜率呢？我告诉你一个办法，你自己去试试。

你拿一根长竹竿，到一堵矮墙前面去。比如那矮墙的高是2米，你将竹竿斜靠在墙上，竹竿落地的这一头恰好距墙脚4米。

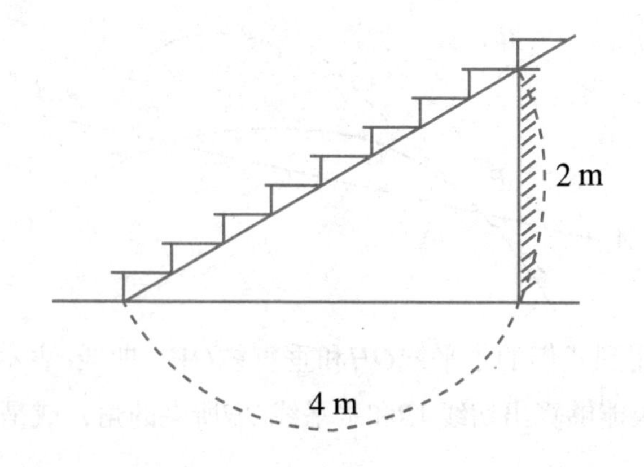

那么，你已经知道竹竿靠墙的一点离地面的高和落地的一点距墙脚的距离，它们的比恰好是$\frac{2}{4}=\frac{1}{2}$，这个比值是了竹竿对于地面的倾斜率。

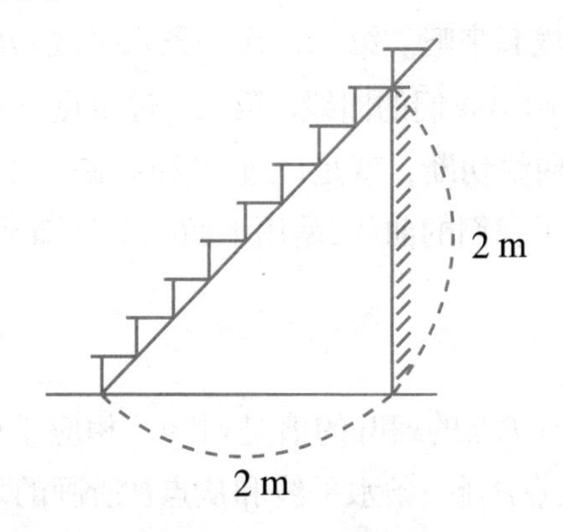

假如，你将竹竿靠到墙上的时候，落地的一头距墙脚2米，就是说恰好和靠着墙的一点离地的高相等。那么它们的比便是$\frac{2}{2}=1$，你应该已经看出来了，这一次竹竿对于地面的倾斜度比前一次陡。

假如我们要想得出一个$\frac{1}{4}$的倾斜率，竹竿落地的一头应当距墙脚多远呢？

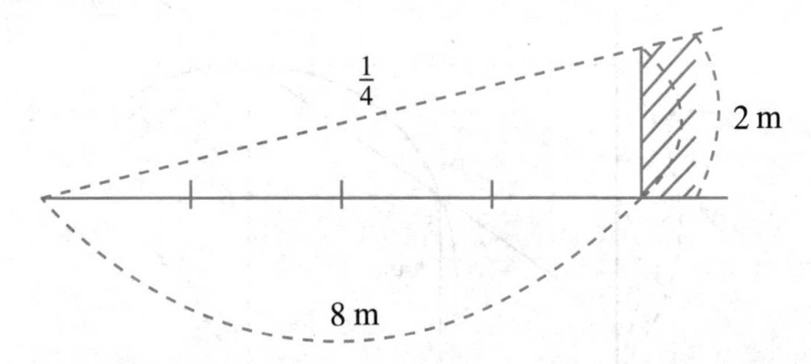

只要使这个距离等于墙高的4倍就行了。如果你将竹竿落地的一头放在距墙脚8米远的地方，那么，$\frac{2}{8}=\frac{1}{4}$恰好是我们所

要求的倾斜率。

简而言之，要想算出倾斜率，只需知道“高”和“远”的比。快可以得出一个结论了，让我们先把所有要用来解答这个切线问题的材料集拢起来吧。第一，作一条水平线 OH 和一条垂直线 OV；第二，画出我们的曲线；第三，过定点 P 和另外一点 P' 画一条直线将曲线切断，就是说过 P' 和 P 画一条割线。

先不要忘了我们的曲线c是用下面一个已知函数表示的：

$$y=f(x)$$

假如相应于P点的x和y的值是x和y，相应于P'点的x和y的值是x'和y'。从点P画一条水平线和从点P'所画的垂直线相交于B点。我们先来决定割线PP'对于水平线PB的倾斜率。

这个倾斜率，是用“高”$P'B$和“远”PB的比来表示的，所以我们得出下面的式子：

$$PP'\text{的倾斜率}=\frac{P'B}{PB}$$

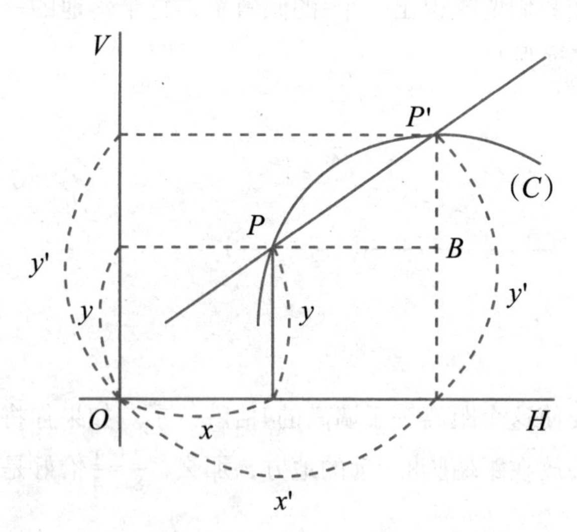

到了这一步很清楚，我们所要解决的问题是：用来表示倾斜率的比，能不能通过曲线函数的帮助来计算呢？

由图我们可以很容易地看出来，水平线PB等于x'和x的差，而“垂直线$P'B$等于y'和y的差。将这相等的值代进前面的式子里，就可以得出：

PP'的倾斜率$=\dfrac{y'-y}{x'-x}$。

接着，来计算过P点切线的倾斜率，只要在曲线上使P'和P挨近就行了。

P'挨近P的时候，y'便挨近了y，而x'也就挨近了x。这个比$\frac{y'-y}{x'-x}$跟着P'的移动渐渐发生了改变，P'越近于P，就越近于我们所要找到表示P点的切线的倾斜率的那个比。

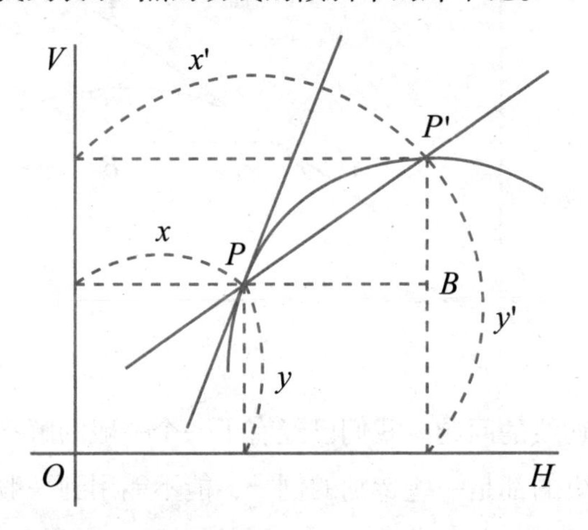

要解决的问题总算解决了。总结一下，解答的步骤是这样的：

已知一条曲线和表示它的一个函数，那曲线上任一点的切线的倾斜率就可以计算出来。所以，通过曲线上的一点，引一条直线，如果它的倾斜率和我们已经算出来的一样，那么，这条直线就是我们所要找的切线了！

要将切线画出来其实也不难，假如y'很近于y，x'也很近于x，比$\frac{y'-y}{x'-x}$很近于$\frac{1}{2}$，那么，对于曲线上的P点，切线的倾斜率也就很近于$\frac{1}{2}$。这里所说的“很近”，就是使得相差的数无论小到什么程度都可以的意思。

我们来动手画吧！过P点引一条水平线PB，使它的长为2厘米，过B点再画一条垂直线BA，它的长为1厘米，最后连接PA。这样，直线PA在P点的倾斜率等于BA和PB的比，恰好是$\frac{1}{2}$，所以它就是我们所要求的曲线上过P点的切线。

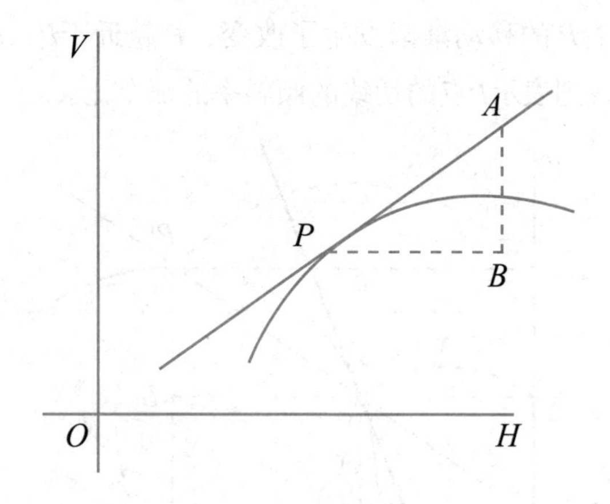

对于切线的问题。我们已经有了一个一般的解答。但是，我们所解决的都是一些特别的例子，能不能用到一般的已定曲线上去呢?

还不能呢！还得用数学的方法，进一步找出它的一般原理。不过要达到这个目的，并不困难。我们再从所用的方法当中仔细探究一番，就可以得到一个称心如意的回答了。

我们所用的方法含有什么性质呢？假如我们记得清楚从前所讲过的，连续函数的定义、变化，以及这些变化的平均值等内容，将它们比照一下，对于我们所用的方法，一定就会更加明了了。

一条曲线和一个函数，本可以看成是完全一样的东西，因为一个曲线可以表示出函数的性质，函数也可以用图形表示出来。所以，一样的情形，一条曲线也就表示一个点的运动情形。

为了要弄清楚一个点的运动情形，我们曾经研究过用来表示运动的函数。研究的结果，将诱导函数的意义也弄明白了。我们知道它在一般的形式下，也是一个函数，函数一般的性质和变化，它都含有。

认为函数是表示一种运动的时候，它的诱导函数，就是表示每一刹那的速度。

抛开运动不讲，在一般的情形当中，一个函数的诱导函数含有什么意义呢？

我们再来简单地看一下，诱导函数是怎样被我们诱导出来的。对于变量，我们先使它任意加大一点，然后从这点出发去计算所要求的诱导函数。就是找出相应于这点变化，那函数增加了多少，接着就求这两个增加的数的比。

因为函数的增加依赖着变量的增加，那么，在增量很小很小的时候，它的变化是怎样的呢？

这样的做法，我们已说过很多次，而结果仍旧是一样的。当增量无限小的时候，这个比就达到一个固定的值。不要忘记中间有个必要的条件，如果这个比有极限的时候，那函数是连续的。

将这些情形和计算切线倾斜率的方法比较一下，我们仍旧一头雾水，它们实在没有什么区别吗？

最后，得出一个结论：一个函数表示一条曲线，函数的每一个值都相应于曲线上的一点，对于函数的每一个值的诱导函数，就是曲线上相应点的切线的倾斜率。

这样说来，切线的倾斜率便有一个一般的求法了。这个结果不但对于本问题很重要，它简直是微积分的台柱子。

这不但解释了切线倾斜率的求法，而且反过来，也就得出了诱导函数在数学函数上的抽象意义。正和我们为了要研究函数的变化，却得到了无限小和它的计算法，以及诱导函数的意义一样。

诱导函数真是非常活泼、有趣！在运动中，它就表示这个运动的速度；在几何中，它又变成曲线上切线的倾斜率。索性再来看看，它还有什么把戏呢？

诱导函数表示运动的速度，就可以指示出那个运动有什么变化。在图形上，它除了表示切线的倾斜率，还有什么可以指示给我们看的呢？

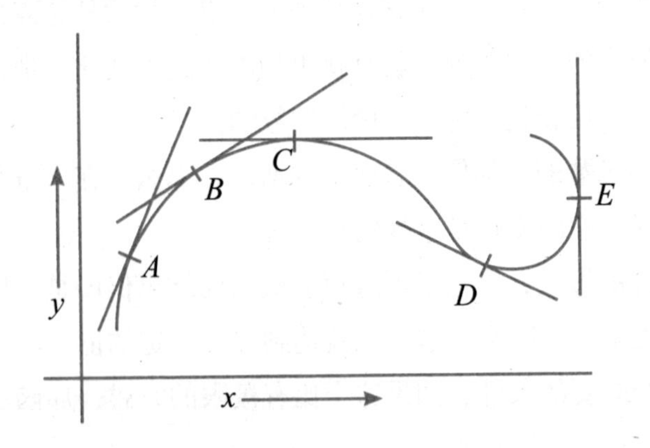

设想有一条弯来弯去的曲线，它在什么地方有怎样的弯法，我们有没有方法可以表明呢?

从图上看吧，在A点附近曲线弯得快些。换句话说，x的距离增加，而相应的y的距离也越大。这就证明在A点的切线，它的倾斜度更陡。

在B点呢，切线的倾斜度就较平了，切线和水平线所成的角也很小，x和y的距离增加的强弱相差也不大。

至于C点，倾斜度简直成了零，切线和水平线近乎平行，x的距离尽管增加，y的值总是老样子，所以这条曲线也很平。

接下去，它反而向下弯起来，就是说，x的距离增加，y的值反而减小。在这里，倾斜度就改变了方向，一直降到D才又回头。从C到D这一段，因为倾斜度变了方向的缘故，我们就说它是“负的”。

最后，在E点倾斜度成了直角，就是切线与垂直线几乎平行的时候，这条曲线变得非常陡。x如果只无限小地增加一点的时候，y的值还是一样。

知道了这个例子后，对于诱导函数的研究，它有多大，它是正或负，都可以指示出曲线的变化来。这正和用它表示速度时，可以看出运动的变化情形一样。

6 无限小的量

量本来是抽象的，为了容易想象，我们前面讲诱导函数的效用和计算方法的时候，曾经找出运动的现象举例。现在要确切地来讲明白数学的函数的意义，方法虽然和前面用过的相似，但要比它更一般些。

诱导函数是表示函数的变化的，无论函数所倚靠的变量小到什么地步，总归可以表示出函数在那儿所起的变化。

诱导函数指示出函数在什么时候渐渐变大或变小，还指示出这种变化什么时候变快或变慢，而且所能指示的并不是大体情形，简直连变量的值只有无限小的一点变化，函数的变化状态也指示得非常清楚。

因此，研究函数的时候，诱导函数实在占据着很重要的位置。关于这种巧妙方法的研究和解释，以及关于它的计算的发明，都是非常有趣的。

然而追根究底，它不过是从数学符号的运用中诱导出来的，不是吗？我们用符号Δ放在一个量的前面，它所表示的量是无限小的，它可以逐渐地、无限地减小下去。随之我们研究无限小的量，便得出诱导函数这个量。

起源虽然很简单，但这些符号并不是可以任意诱导出来的。它们原是为了研究任何函数无限小的变化的基本运算才产生的。它逐渐展开的结果，对于一般的数学的解析，却变成了一个精确、恰当的工具。

一直到这里，对于诱导函数这一类东西，要给它一个精确的定义，始终还是没有做到。原来要抽象地了解它，本不容易，所以只好慢慢地再说吧。

一开始举例，我们就用字母来代表运动的东西，这已是一种符号的用法。后来讲到函数，我们又用到下面这种形式的式子：

$$y=f(x)$$

这个式子自然也只是一个符号。x表示一个变量，y表示随着x得变化而变化的函数。换句话说，对于x的每一个数值，我们都可以将y的相应的数值计算出来。

在函数以后讲到诱导函数，又用过几个符号，将它连在一起，可以得出下面的式子：

$$y'=\lim_{\Delta x\to 0}\frac{\Delta y}{\Delta x}$$

y'表示诱导函数，这个式子就是说，诱导函数是：

当Δx以及Δy都近于0的时候，$\frac{\Delta y}{\Delta x}$这个比的极限。

用教科书的表述方式来说就是，诱导函数是当变量的Δx和增量Δy都无限减小时，Δy和Δx的比的极限。这时的极限，我们另外用一个符号$\frac{dy}{dx}$表示。

朋友，你还记得吗？一开场我就说过，为这个符号我曾经碰了一次大钉子，现在你毫不费力就看见了它。你好好地记清楚它所表示的意义吧，用途多着呢！有了这个新符号，诱导函数的式子又多一个写法：

$$\frac{dy}{dx}=y'$$

dy和dx所表示的都是无限小的量，它们同名不同姓，dy叫y的微分，dx叫x的微分。在这里，应当注意的是：dy或dx都只是一个符号，而不是乘积的关系。

从$\frac{dy}{dx}=y'$变化一番，就可得出一个很重要的关系：

$$dy=y'dx$$

这就是说："函数的微分等于诱导函数和变量的微分的乘积。"

我们已经规定清楚了几个数学符号的意思：什么是诱导函数、什么是无限小、什么是微分，现在就用它们来研究和分解几个不同的变量。

对于这些符号，也可以像其他符号一样，用到各种各样的计算中。但是有一点却要非常小心，和这些量的定义矛盾的地方就得避开。

还是举几个例子来，先举一个最简单的吧。假如S是一个常数，等于三个有限的量a、b、c与三个无限小的量dx、dy、dz的和，我们就知道：

$$a+b+c+dx+dy+dz=S$$

在这个式子里面，因为dx、dy、dz都是无限小的变量，而且可以使它们小到任何地步。因此干脆一点，我们直接使它们都等于零，那就得出下面的式子：

$a+b+c=S$

我们说芝诺把无限小想成等于零是错的，现在却自己马马虎虎地也跳进了这个圈子。这是因为在这个例子中，S和a、b、c都是有限的量，不能偷换，留几个“小把戏”夹杂在当中跳去跳来，反而不雅观，这才干脆说它们都等于零。

芝诺所谈的问题，他讲到无限小的时间，同时讲到无限小的空间，两个“小把戏”跳在一起，那就马虎不得。

所以假如一个式子中不但有无限小的量，还有另一个无限小的量相互关联着，那我们就不能硬生生地说它们等于零，将它们消去。

无限小和无限小关联着，会得出有限的值来。朋友！有一句俗话说：“一斗芝麻拈一颗，有你不多，无你不少。”但是如果就只有两三颗芝麻，你拈去了一颗，不是只剩$\frac{1}{2}$或$\frac{2}{3}$了吗？无限小可以省去和不能省去的条件你明白了吗？无限大也是一样的。

上面的例子是说，在一个式子当中，如果含有一些有限的数和一些无限小的数，那无限小的数通常可以忽略掉。

假如在一个式子中所含有的，有些是无限小的数，有些却是两个无限小的数的乘积。小数和小数相乘，越乘越小。因此，这个乘积对于无限小的数，也可以忽略。

假如，有一个这样的式子：

$\mathrm{d}y=y'\mathrm{d}x+\mathrm{d}v\mathrm{d}x$

在这个式子里面，$\mathrm{d}v$也是一个无限小的数，所以右边的第二项便是两个无限小的数的乘积，它对于一个无限小的数来说，简直是无限小中的无限小，也就可以忽略。

对于一个无限小的数，通常我们也说它是一次无限小的数，两个无限小的数的乘积，我们称它为二次无限小的数。同样地，三个或四个无限小的数相乘的积，我们就称它为三次或四次无限小的数。通常二次以上的，我们都称它们为高次无限小的数。

假如，我们把有限的数当成零次的无限的小数看，那么在一个式子中，次数较高的无限小的数对于次数较低的，通常可以忽略。所以，一次无限小的数对于有限的数，可以忽略，二次无限小的数对于一次的，也可以忽略。

在前面的式子当中，我们已经知道，如果两边都用同样的数去除，结果还是相等的。我们现在就用 $\mathrm{d}x$ 去除，于是得出：

$$\frac{\mathrm{d}y}{\mathrm{d}x}=y'+\mathrm{d}v$$

在这个新得出来的式子当中，左边 $\frac{\mathrm{d}y}{\mathrm{d}x}$ 所含的是两个无限小的数，它们的比等于有限的数 y'。我们称 y' 为函数 y 对于变量 x 的诱导函数。

因为 y' 是有限的数，$\mathrm{d}v$ 是无限小的，所以它对于 y' 可以忽略。因此，$\frac{\mathrm{d}y}{\mathrm{d}x}=y'$ 或是两边再用 $\mathrm{d}x$ 去乘，这式子也是不变的，所以 $\mathrm{d}y=y'\mathrm{d}x$ 这个式子和之前比较，就是少了那两个无限小的数的乘积（$\mathrm{d}v\,\mathrm{d}x$）这一项。

这一节到此结束，下一次我们再换个新鲜的题目来探讨吧！

7 二次诱导函数——加速度——高次诱导函数

数学上的一切法则，在它成立的时候，使用的范围虽然有一定的限制，但是我们也可尝试一下，将它扩充出去，用到一切的数或一切的已知函数。我们可以将它和别的法则联合起来，使它能够产生更大的效果。

在算术里面，学了加法，就学减法，但是它只允许你从一个数当中减去一个较小的数，因此有时免不了碰壁。比如从一斤中减去八两，你立刻就回答得出来，还剩半斤[①]。但是要从半斤中减去十六两，你还有什么办法呢？

我们从中碰了壁，便创造出一个负数的户头来记这笔苦账，这就是说，将减法的定义扩充到了正负两种数。你欠别人十六两酒，他来向你讨，偏偏不凑巧你只有半斤，你要还清他，不是差八两吗？差的就是负数了！

法则的扩充，还有一条路。打破法则的限制，让它能够活动的范围扩大起来。但除此以外，有时，我们又要求它能够简单一些。

举个例子来说，一种法则如果要重复地运用，我们也可以想一个方法来代替它。比如，从150中减去3，减了一次又一次，多少次可以减完呢？这题目自然是可能的，但真要去减，谁有这样的耐心呢！而且十分无聊。

于是我们就另开辟一条便道，那就是除法。同样地，对于

① 斤、两均为传统的计量重量的单位。按古时的计量单位，1 斤=16 两。

加法来说，如果只是同一个数重复加了又加，也乏味得很，又另开辟一条路，叫做乘法。

讲诱导函数的时候，限定了对于x的每一个值，都有一个固定的极限。所以，对于x的每一个值，它都有一个相应的值。归根结底，我们便可以将诱导函数y'看成x的已知函数。

结果，一样地，也就可以计算诱导函数y'对于x的诱导函数，这就成为诱导函数的诱导函数了。我们把它叫做二次诱导函数，用y'表示。

其实，要得出一个函数的二次诱导函数，并不是难事，将诱导函数法连用两次就好了，比如前面我们拿来举例的函数：

$$e=t^2 \qquad (1)$$

它的诱导函数是：

$$e'=2t \qquad (2)$$

将这个函数，按照$d=5t$的例子进行计算，就可得出二次诱导函数：

$$e''=2 \qquad (3)$$

二次诱导函数对于一次诱导函数的关系，恰和一次诱导函数对于本来的函数的关系相同。一次诱导函数表示本来的函数的变化，同样地，二次诱导函数就表示一次诱导函数的变化。

我们开始讲诱导函数时，用运动来举例，现在再借它来解释二次诱导函数，看看有没有新的发现。

我们曾经从运动中看出来，一次诱导函数是表示每一刹那一个点的速度。所谓速度的变化究竟是什么意思呢？

假如一个运动的物体，第一秒钟的速度是4米，第二秒钟是6米，第三秒钟是8米，这速度越来越大，也就是它的速度逐渐增加。

你不要把“增加”这个词看得太呆板了，所谓增加就是变化的意思。所以速度的变化，就只是运动速度的增加，我们便说它是那个运动的加速度。

要想求出一个运动着的点，在一刹那的加速度，只需将计算一刹那速度的方法，重复用一次就行了。

不过，在第二次的时候，有一点必须注意：第一次我们求的是距离对于时间的诱导函数，而第二次所求的却是速度对于时间的诱导函数。

结果，所谓加速度，便等于速度对于时间的诱导函数。我们可以用下面的一个式子来表示这种关系：

$$\text{加速度}=\frac{\mathrm{d}y'}{\mathrm{d}t}=y''$$

因为速度是用运动所经过的空间对于时间的诱导函数来表示，所以加速度也只是运动所经过的空间对于时间的二次诱导函数。

有了一次和二次诱导函数，应用它们，我们就能更加清楚运动的情形，它的速度是怎样变化的，我们便可完全明白了。

假如一个点始终是静止的，那么它的速度便是零，于是一次诱导函数也就等于零。反过来，假如一次诱导函数，或是说速度等于零，我们就可以断定那个点是静止的。

比如我们已经知道了一种运动的法则，想要找出这个运动着的点归到静止的时间，只要找出什么时候，它的一次诱导函数等于零，那就行了。

举个例来说，假设有一个点，它的运动法则是：

$$d=t^2-5t$$

由以前讲过的例子可以得出，t^2的诱导函数是$2t$，而$5t$的诱导函数是5，所以：

$$d'=2t-5$$ ①

就是这个点的速度，在每一刹那时间t是$2t-5$，如果要问这个点什么时候静止，只要找出什么时候它的速度等于零就行了。然而，它的速度就是运动时间的一次诱导函数d'。所以当d'等于零时，这个点就是静止的。

我们再来看d'怎样才等于零。它既然等于$2t-5$，那么$2t-5$等于零，d'也就等于零。因此我们可以进一步来看$2t-5$等于零需要什么条件。我们试解下面的简单方程式：

$$2t-5=0$$

解析这个方程式很简单，它的根是2.5。假如t的单位是秒，那么，便是2.5秒的时候，d'等于零，也就是那个点在开始运动后2.5秒归于静止。

① 这个式子也可以直接计算出来：

$$\because d=t^2-5t$$

$$d+\Delta d=(t+\Delta t)^2-2(t+\Delta t)$$

$$\therefore \Delta d=(t+\Delta t)^2-2(t+\Delta t)-d$$

$$=(t+\Delta t)^2-2(t+\Delta t)-(t^2-2t)$$

$$=(t^2+2t\Delta t+\Delta t^2)-2t-2\Delta t-(t^2-2t)$$

$$=2t\Delta t-2\Delta t+\Delta t^2$$

$$d'=\lim_{\Delta t\to 0}\frac{\Delta d}{\Delta t}=\lim_{\Delta t\to 0}(2t-2+\Delta t)=2t-2$$

假如那点的运动是等速的，那么，一次诱导函数或是说速度，是一个常数。因此，它的加速度便等于零，也就是二次诱导函数等于零。一般情况下，一个常数的诱导函数总是等于零的。

反过来说，假如有一种运动法则，它的二次诱导函数是零，那么它的加速度自然也是零。这就是表明它的速度没有什么变化。由此可知，一个函数，如果它的诱导函数是零，它便是一个常数。

再接着推断下去，如果加速度或二次诱导函数，不是一个常数，我们又可以看它有什么变化呢。要知道它的变化，只要找出它的诱导函数就行了。这样一来，我们得到的却是第三次诱导函数。

在一般的情形下，第三次诱导函数不一定等于零。假如，它不是一个常数，就可以有诱导函数，这便得出了第四次诱导函数。

依照这样推下去，不过是连续地重复应用诱导函数法罢了。无论第几次的诱导函数，都表示它前一次函数的变化。

这样看来，关于函数变化的研究是可以穷追下去的。诱导函数不但可以有第二次、第三次，简直可以有无限次，直到它成为一个常数。

8 局部诱导函数和全部的变化

朋友，你对火柴盒一定不陌生吧？它是长方形的，有长、宽、高，我们要计算这个火柴盒的大小，就得算出它的体积。

计算这种火柴盒的体积的方法，是把它的长、宽、高相乘。因此，在这三个数中，如果任何一个变化，它的体积也就随着改变，所以说，火柴盒的体积是这三个量的函数。

假如它的长是a，宽是b，高是c，体积是v，我们就可得出下面的式子：

$$v=abc$$

假如你的火柴盒是一家公司的，我的火柴盒是另一家公司的，你一定要和我争，说你的火柴盒体积比我的大。朋友！你有办法向我证明吗？

你只好将它们的长、宽、高都比一比，找出你的盒子有一边或两边，甚至三边，都比我的盒子要长一些，你真能这样，我自然只好哑口无言了。

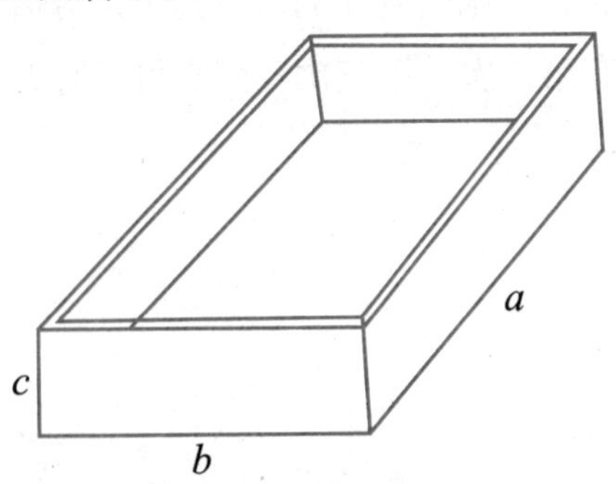

我们借这个小问题做引子，来看看火柴盒这类东西的体积是怎样变化的。先假设它的长a，宽b和高c都是可以随时变化的，再假设它们的变化是连续的。

火柴盒的三边既然是连续地变，它的体积自然也得跟着连续地变，而恰好是三个变量a、b、c的连续函数。到了这里，我们就有了一个问题：当这三个变量同时连续变化的时候，它们的函数v的无限小的变化，我们怎样去测量呢？

之前，为了要计算无限小的变化，我们用了诱导函数，不过那时的函数是只依赖着一个变量的。现在，我们就来看看遇到几个变量的函数时，诱导函数是不是适合呢？

第一步，我们能够将下面的一个体积，

$$v_1 = a_1 b_1 c_1$$

由以下将要说到的非常简便的方法变成一个新体积：

$$v_2 = a_2 b_2 c_2$$

开始，我们将这体积的宽b_1和高c_1保持原样，不让它改变，只使长a_1加大一点变成a_2。

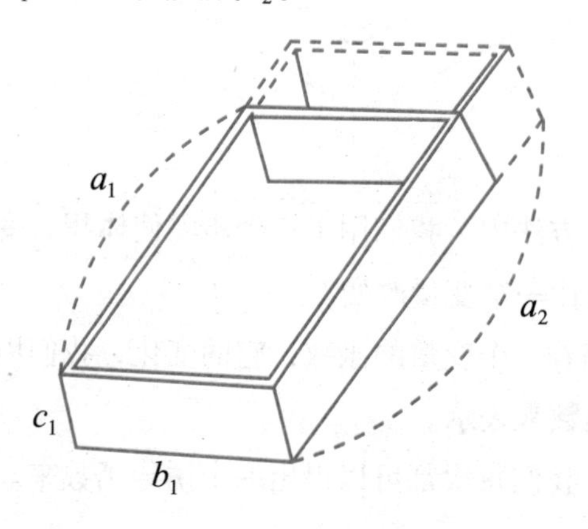

接着，将a_2和c_1保持原样，只让宽b_1变到b_2。

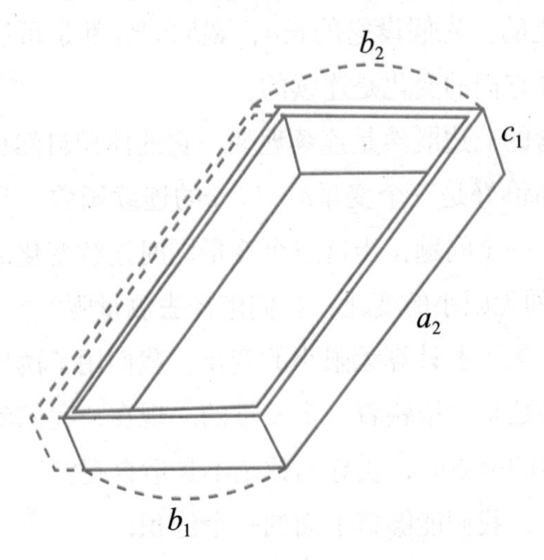

最后，将a_2和b_2保持原样，只将高c_1变到c_2。

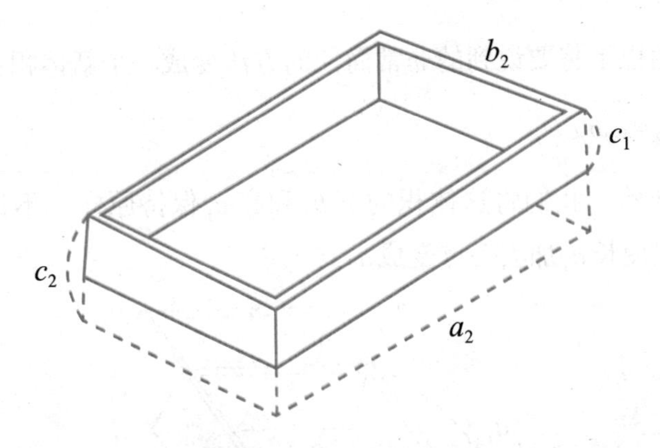

在这种方法中，我们用了三个步骤使体积v_1变到v_2，每一次我们都只让一个变量改变。

只依赖着一个变量的函数，它的变化，我们以前用这个函数的诱导函数来表示。

同理，我们每次都可以得出一个诱导函数来。不过这里所得的诱导函数，都只能表示函数的局部变化。因此我们就替它们取一个名字，叫局部诱导函数。

从前我们表示y对于x的诱导函数用$\frac{dy}{dx}$表示，现在，对于局部诱导函数，我们也用和它相似的符号表示，那就是：

$$\frac{\partial v}{\partial a},\ \frac{\partial v}{\partial b},\ \frac{\partial v}{\partial c}$$

第一个表示只将a当成变量，第二个和第三个相应地表示只将b或c当成变量。

你将前面说过的关于微分的式子记起来吧！

$$dy = y'dx$$

同样地，如果要找v的变化dv，那就得将它三边的变化加起来，所以：

$$dv = \frac{\partial v}{\partial a}da + \frac{\partial v}{\partial b}db + \frac{\partial v}{\partial c}dc$$

dv，在数学上叫做“总微分”或“全微分”。

由上面的例子，推到一般的情形，我们就可以说，几个变量的函数，它的全部变化，可以用它的总微分表示。总微分等于这函数对于各变数的局部微分的和。所以要求出一个函数的总微分，必须分次求出它对于每一个变量的局部诱导函数。

9 积分学

在数学的园地里，最有趣的一件事，就是许多重要的高楼大厦，有一座向东，就一定有一座向西，有一座朝南，就一定有一座朝北。使游赏的人走过去，又可以走回来。而这些两两相对的亭台楼阁，里面的一切结构、陈设、点缀，都互相关联着，恰好珠联璧合，相得益彰。

同样道理，你会了加法就得会减法，你会了乘法就得会除法；你学了求公约数和最大公约数，你就得学会求公倍数和最小公倍数；你知道怎样通分的原理，你就得懂得怎样约分；你知道乘方的方法还不够，必须要知道开方的方法才算完全。

原来一反一正不只是做文章的大道理呢！加法、乘法……算它们是正的，那么，减法、除法……恰巧相应地就是它们的还原，所以便是反的。

假如微分法算是正的，有没有和它相反的方法呢？朋友！真有一个和它相反的方法，这就是积分法。

有人和我们开玩笑，说出一个速度来，要我们回答这是一种什么运动，他如果还要我们算出在某一个时间中，运动所经过的空间距离，怎么办呢？

假如别人向你说，有一种运动的速度，每小时总是5千米，要求它的运动法则，你自然会不假思索地回答他：

$$d=5t$$

他如果问你，8个小时的时间，这运动的物体在空间经过了多长距离，你也可以很轻巧地说出是40千米。但是，这是一个极简单的等速运动的例子呀！碰到的如果不是等速运动，怎么办呢？

其实在日常生活中，本来用不到什么精确的计算，所以，上面提出的问题，如果为实际运用，只要有一个近似的解答就行了。

近似的解答并不难找，只要我们能够知道一种运动的平均速度就可以了。举一个例子，我们知道一辆汽车，它的平均速度是每小时40千米，那么，5小时它“大约”行驶了200千米。

但是，我们知道汽车真实的速度，常常是变动的，又想要将它在一定的时间内所走的路程计算得更精确些，就要知道许多相离很近的刹那的速度，即一串平均速度。

这样计算出来的结果，自然比前面用一小时做单位的平均速度来计算所得的要精确些。我们所取的一串平均速度，数目越多，互相隔开的时间间隔越短，所得的结果也就越精确。

但是，无论怎样，总不是真实的情形。怎样解决这个问题呢？

一辆汽车在一条很直的路上行驶了一个小时，我们也知道它每一刹那的速度。那么，它在一个小时内所经过的路程，究竟是怎样的呢？

第一个求近似值的方法：可以将一个小时的时间分成每5分钟一个间隔。在这12个间隔当中，每一个间隔，我们都选一个，在一刹那的真实速度。比如说在第一个间隔里，每分钟v_1米是它在某一刹那的真实速度；在第二个间隔里，我们选v_2；

第三个间隔里，选v_3……这样一直到v_{12}。

这辆汽车在第一个5分钟内所经过的路程，和$5v_1$米相近；在第二个5分钟里所经过的路程，和$5v_2$米相近，以此类推。

它一个小时所通过的路程，就近于经过这12个时间间隔所走的路程的和，也就是说：

$$d=5v_1+5v_2+5v_3+\cdots+5v_{12}$$

这个结果，也许恰好就是正确的，但对我们来说也没有用，因为它是不是正确的，我们没有办法去判断。一般地说来，它总是和真实的结果相差不少。

实际上，上面的方法，虽然已将时间分成了12个间隔，但在每5分钟这一段里面，还是用一个速度作为平均速度。

虽然这个速度，在某一刹那是真实的，但它和平均速度比较起来，也许太大了或是太小了，导致我们所算出来的路程也说不定会太大或太小。所以，这个算法要得出确切的结果，差得还远着呢！

不过，照这个样子，我们还可以做得更精细些。不妨将5分钟一段的时间间隔分得更小些，比如说，一分钟一段。那么所得出来的结果，即使一样地不可靠，相差的程度总会小些。

照这样做下去，时间的间隔越分越小，我们用来做代表的速度，也就更近于相应时间内的平均速度。我们所得的结果，便更近于真实的路程。

除了这个方法，还有第二个求近似值的方法：假如在那一个小时的时间内，每分钟选出的一刹那的速度是v_1，v_2，v_3……v_{60}，那么所经过的路程d便是：

$$d=v_1+v_2+v_3+\cdots\cdots+v_{60}$$

照这样继续做下去，把时间的段数越分越多，我们所得出的路程近似的程度就越来越大。我们总的项数逐渐增加，每次的数值逐渐近于真实，所经过的路程的值，就用这样的许多数的和来表示。实际上，每一项都表示一个很小的时间间隔乘一个速度所得的积。

我们还得将这个方法继续讲下去，请你千万不要忘掉，和值中的各项实际都是表示那路程的一小段。

假设现在我们想象将时间的间隔继续分下去，一直到无限，那么，最后的时间间隔便是一个无限小的量，用以前的符号表示，就是Δt。

确实，我们能够将时间间隔无限地分下去，到无限小为止。在这一刹那的速度，便是那运动所经过的路程对于时间的诱导函数。由此可见，速度和无限小的时间的乘积，便是一刹那运动所经过的路程。

自然地，这路程也是无限小的，但是将这样一个个无限小的路程加在一起，不就是一个小时内的真实路程了吗？不过要照普通的加法去累加，却无从下手。因为不但每个相加的数都无限小，而且这些无限小的数的数目还无限大。

既然一个小时的真实路程有办法得到，只要将它重复运用起来，无论多少小时的真实路程也就可以得到了。一般地说，我们仍然设时间是t。

照上面来看，对于每一个t的值，我们都可以得出距离d的值来，所以d便是t的函数，可以写成下面的式子：

$d=f(t)$

换句话说，这就是表示那个运动的法则。归根结底，我们所要寻找的只是将一个诱导函数还原回去的方法。从前是知道了一种运动法则，要求它的速度。现在却是反过来由速度求它所属的运动法则。

从前由运动法则求速度的方法，叫做诱导函数法，所以得出来的速度也叫诱导函数。

现在我们所要找的和诱导函数法正相反的方法便叫积分法。所以一种运动在一段时间内所经过的距离d，便是它的速度对于时间的积分。

现在你大概已经明白积分的含义了吧。为了使我们的观念更加清晰，用一般惯用的名词来说，所谓积分就是：

无穷个无限小的量的总和的极限。

细说开来就是，我们将许许多多的、简直数不清的一些无限小的量加在一起，但这不能照平常的加法去加，所以只好换一个方法，求这个总和的极限，这个极限便是所谓的积分。

这个一般的定义虽然也能够用到关于运动的问题上去，但我们现在还能进一步去研究它。只需把已说过的关于速度这种函数的一些话，重复一番就好了。

假如y是变量x的一个函数，照一般的写法：

$y=f(x)$

假如对于每一个x的值，y的相应值也知道了，那么，函数$f(x)$对于x的积分是什么东西呢？

因为积分法就是诱导函数法的反方法，那么，要将一个函数$f(x)$积分，无异于说：另外找一个函数，比如是$F(x)$，而$F(x)$的诱导函数必须恰好是函数$f(x)$。

这正和我们知道了3和5，要求8用加法，而知道了8和5，要求3用减法是一样的。在代数里面，减法精确的定义就得这样："有a和b两个数，要找一个数出来，它和b相加就等于a，这种方法便是减法。"

针对积分法，我们再来举个例子。先选好一段变量的间隔，比如，有了起点O，又有x的任意一个数值。我们就将起点O和x当中的间隔分成很小很小的小间隔，一直到可以用Δx表示。在每一个小小的间隔里，我们随便选一个x的值x_1、x_2、x_3……

因为函数$f(x)$对于x的每一个值都有相应的值，它相应于x_1、x_2、x_3……的值我们可以用$f(x_1)$、$f(x_2)$、$f(x_3)$……来表示，那么总和就应当是：

$$f(x_1)\Delta x+f(x_2)\Delta x+f(x_3)\Delta x+\cdots\cdots$$

在这个式子中，Δx越小，也就是分得段数越多，它的项数也就越多，但是每项的数值却越来越小了。这样我们不是又可以得出另外一个不同的总和来了吗？

假如继续照样做下去，逐次新得出来的结果总比前一次精确些。到了极限，这个总和就等于我们要找的$F(x)$了。所以积分法，就是要求一个总和。$F(x)$是$f(x)$的积分，调过来$f(x)$就是$F(x)$的诱导函数，由前面的微分的表示法：

$$\mathrm{d}F(x)=f(x)\,\mathrm{d}x \qquad (1)$$

如果把一个“S”拉长了，写成“$\int$”这个样子，作为积分的符号，那么$F(x)$和$f(x)$的关系又可以这样表示：

$$F(x)=\int f(x)\,\mathrm{d}x \qquad (2)$$

(1)(2)两个式子的意义虽然不相同，但表示的两个函数的关系却是一样的。

这恰好和“赵阿狗是赵阿猫的爸爸”和“赵阿猫是赵阿狗的孩子”一样。表述虽然不同，但“阿狗”“阿猫”都姓赵，而且“阿狗”是爸爸，“阿猫”是孩子，这个关系，在两句话当中总是一样地包含着。

讲诱导函数的时候，先用运动来举例，再从数学上的运用去研究它。积分法，除了知道速度，去求一种运动的法则以外，还有别的用途吗？

10 面积的计算

将上一节讲过的方法拿来运用，再没有比求矩形的面积，更简单的例子了。

比如有一个矩形，它的长是a，宽是b，它的面积便是a和b的乘积，这在算术里就已讲过。如下图所示，长是6，宽是3，那么面积就恰好是$3 \times 6 = 18$个方块。

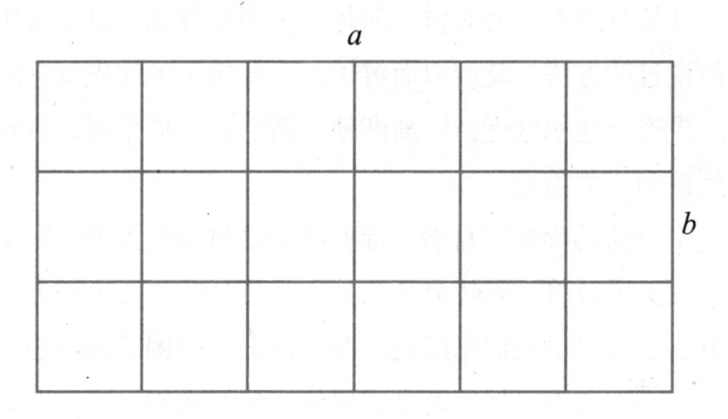

假如这矩形有一边不是直线，那自然就不能再叫它矩形，要求它的面积，也就没有上面所用的方法这般简单。那么，我们有什么办法呢？

假使我们所要求的是下图中曲线$ABCD$所包围着的面积，我们知道AB，AD和DC的长，并且又知道表示曲线BC的函数（这样，我们就可以知道曲线BC上各点到直线AD的距离），我们用什么方法，可以求出$ABCD$的面积呢？

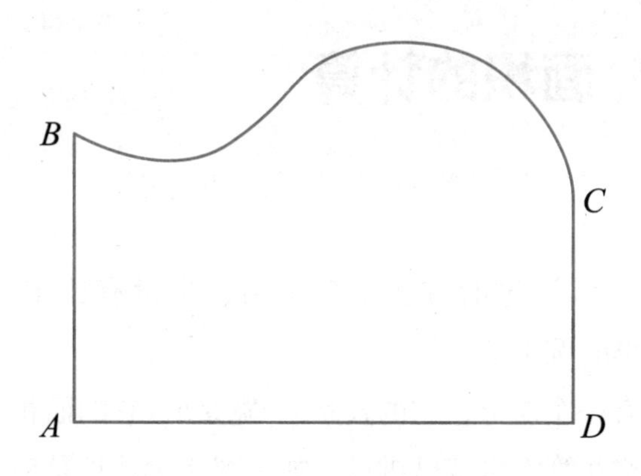

一眼看去，这个问题好像非常困难，因为曲线BC非常不规则，真是有点不容易对付。但是，你不必着急，只要应用我们前面说过的方法，就迎刃而解了。一开始，不妨先找它的近似值，再连续地使这近似值渐渐地提高它的近似程度，直到我们得到精确的值为止。

这个方法的确非常自然。前面我们已讨论过无限小的量的计算法，又说过将一条线分了又分，一直到分到无穷的方法，这些方法就可以供我们来解决一些较复杂、较困难的问题。先从粗浅的一步入手，循序渐进，便可达到精确的一步。

第一步，简直一点困难都没有，因为我们所要的只是一个大概的数目。

先把$ABCD$分成一些矩形，这些矩形的面积，我们自然已经会算了。

假如S的面积，差不多等于1、2、3、4四个矩形的和，我们就先来计算这四个矩形的面积，用它各自的长去乘它各自的宽。

这样一来，我们第一步所得到的近似值，便是这样：

$S = AB' \times AF + EF \times FH + GH \times HJ + JD \times CD$

（1）（2）（3）（4）

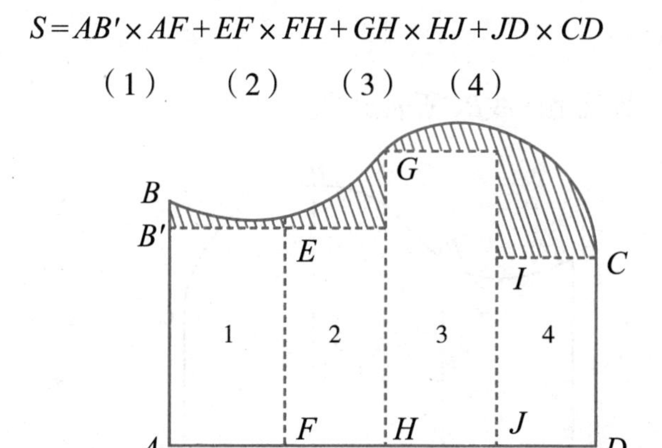

显然，从上图一看就可知道，这样得出来的结果和实际面积相差很远，S的面积比这四个矩形的面积的和大得多。图中四块阴影部分，全都没有算在里面。

不过，这个误差，我们并不是没有办法补救。表示曲线BC的函数是已知的，我们可以求出BC上各点到直线AD的距离。反过来就是对于直线AD上的每一点，可以找出它们和曲线BC的距离。

假如我们把AD看作和以前各图中的水平线OH一样，AB就恰好相当于垂直线OV。在AD上的点的值，我们就可说它是x，相应于这些点到BC的距离便是y。所以AD上的一点P到点A的距离就是一个变量。

现在我们说AP的距离是x，AD上另外有一点P'，AP'的距离是x'，过P和P'分别画一条垂直线同BC相交在p_1和p_2。pp_1、$P'p_2$就相应地表示函数在x和x'的值y和y'。

结果，无论P和P'点在AD上什么位置，我们都可以将y和y'找出来，所以y是x的函数，可以写成：

$y = f(x)$

这个函数就是曲线BC所表示的。

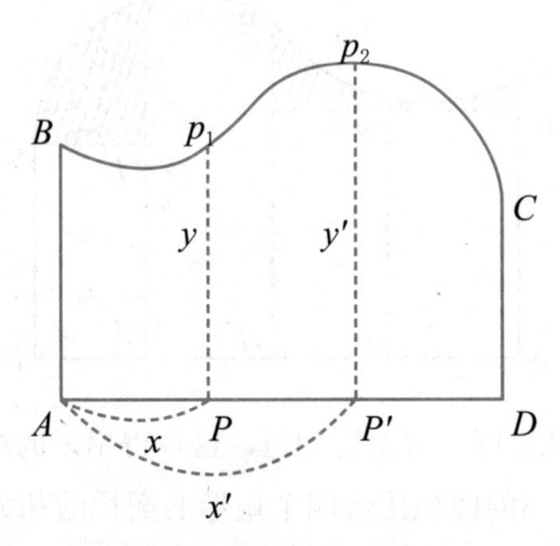

现在，再来求面积S的值吧！将前面的四个矩形，再分成一些数目更多的较小的矩形。

由下图就可看明白，那些从曲线上画出的和AD平行的短线都比较挨近曲线；而斜纹所表示的部分也比上面的减小了。因此，用这些新的矩形的面积的和来表示所求的面积：$S = S_1 + S_2 + S_3 + \cdots\cdots + S_{12}$，比前面所得的误差就小得多。

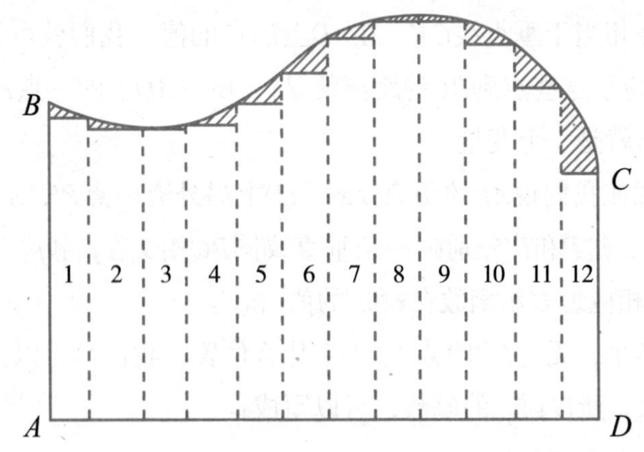

再把AD分成更小的线段，比如x_1，x_2，x_3……由各点到曲线BC的距离，设为y_1，y_2，y_3……这些矩形的面积就是：

$y_1 \times x_1$，$y_2 \times (x_2 - x_1)$，$y_3 \times (x_3 - x_2)$……

而总的面积就等于这些小面积的和，所以：

S（近似值）$= y_1 \times x_1 + y_2 \times (x_2 - x_1) + y_3 \times (x_3 - x_2) + \cdots\cdots$

如果想要得出一个精确的结果，只需继续让AD分得的段数一次比一次多，每段的间隔一次比一次短，然后每次都用各个小矩形的面积的和来表示所求的面积即可。那么，实际面积和所得的近似值，误差便越来越小了。

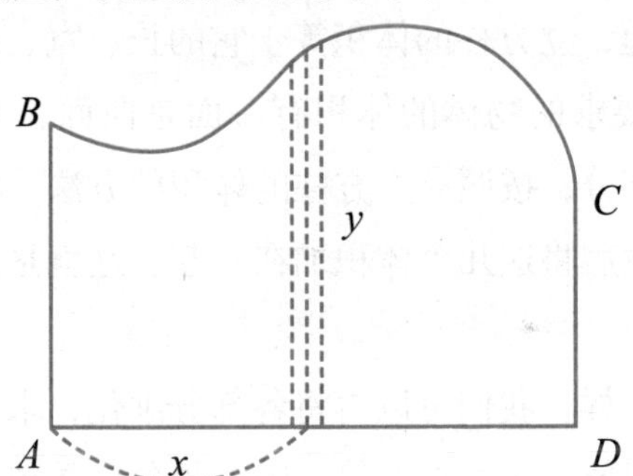

这样做下去，到了极限，也就是说，小矩形的数目是无限多，而它们每一个的面积，便是无限小，这一群小矩形的和便是真实的面积S。

但是，所谓数目无限多，一些无限小的量的和以及它的极限，按照上一节所讲过的，就是积分。所以我们刚才所讲的例子，就是积分在几何上的运用。

所求的面积S，就是x的函数y对x的积分。换句话说，求一条曲线所切成的面积，必须计算那些连续的近似值，一直到极限，这就是所谓的积分。

到这里，为了要说明积分的原理，我们已举了两个例子：第一个，是说明积分法就是微分法的还原；第二个，是积分法在几何学上的应用。

将这些范围和形式都不相同的问题的解决方法贯通起来，就可以明白积分法的意义，而且还可以扩张它的使用范围。

我们讲诱导函数的时候，也是一步一步地逐渐弄明白它的意义，同时也就扩张了它活动的领域。积分法既然是它的还原法，自然也可以照做了。比如说，前面我们只是用它来计算面积，但如果我们用它来计算体积，也一样。

我们知道，立方柱的体积等于它的长、宽、高相乘的积。假如我们所要求的物体的体积有一面是曲面，我们就可以先把它分成几部分，按照求立方柱的体积的方法，将它们的体积计算出来，然后将这几个体积加在一起，这就是第一次的近似值了。

和前面一样，我们可以再将各部分细化，求第二次，第三次……的近似值。这些近似值，因为越分项数越多，每项的值越小，所以近似程度就逐渐提高。

到了最后，项数增到无限多，每项的值变成了无限小，这些和的极限，就是我们所求的体积，这种方法就是积分。

11 微分方程式

在数学的园地中，微分法这个院落，从建筑起来到现在，都在尽量地扩充它的地盘，充实它的内容，它真是与时俱进，现在越来越繁荣了。

很多数学家逐渐扩展它，使它一步步一般化，所谓无限小的计算，或叫做解析数学的这一支，就变成了现在的情景：数学中占了很广阔的地位，关于它的专门研究，以及一切的应用，也就不是一件容易弄清楚的事情了！

关于无限小的计算，我们可以大体讲一下，也就快要结束了。但请你不要就此失望，下面所讲到的也还是一样重要。

所有关于运动的问题，都要用到微分法。因为一个关于运动的问题，它所包含着的，无论已知或未知的条件，总不外是路程、时间、速度和加速度。所以，知道了运动的法则，就可以求出速度以及加速度。

假如我们知道一些速度以及一些加速度，并且还知道要适合于它们所必须的一些不同的条件，那么，要表明运动得情形，就只差找出它的运动法则了。

关于速度和加速度，彼此之间有什么条件，在数学上都是用方程式来表示，不过这种方程式和代数上所讲的普通方程式有些不同罢了。

最大的不同，就是它里面包含着诱导函数。因此，为了和一般的方程式划分门户，我们就称它是微分方程式。

在代数中，有了方程式，就要去找出适合于这个方程式的数值来，这个数值我们叫它为方程式的根。和这个情形相似，有了一个微分方程式，我们也要去找出一个适合于它的函数来。

这里所谓的"适合"是什么意思呢？简而言之，就是找出了一个函数，将它的诱导函数的值，代入原来的微分方程式，这个方程式还能成立，那就叫做适合于这个方程式。而这个被找出来的函数，便称为这个微分方程式的积分。

在代数里，求一个方程式的根，叫做解方程式。而对于微分方程式，要找适合于它的函数，我们就说是微分方程式积分。

举一个非常简单的例子。比如在直线上有一点在运动着，它的加速度总是一个常数，这个运动的法则怎样呢？

在这个题目里，假设用y'表示运动的加速度，c代表一个一成不变的常数，那么，我们就可以得到一个简单的微分方程式：

$y'=c$

加速度就是函数的二次诱导函数，所以现在的问题，就是找出一个函数来，使它的二次诱导函数恰好是c。

这里的问题自然是最容易的，前面已经说过，一种匀变速运动得加速度是一个常数，但是如果从数字上来找这个运动的法则，那就必须要将上面的微分方程式积分。

第一次，我们将它积分得：（设变量是t）

$y'=ct=$

你要问这个式子怎样来的？看以前的例子$y''=c$，是从一个什么式子微分来的，就可以知道。

不过在这里有个小小的问题，按照以前所讲过的诱导函数法，下面的两个式子都可以得出同样的结果$y''=c$，

$y'=ct$

$y'=ct+a$（a也是一个常数）

这两个式子恰好差了一项（一个常数），我们总是用第二个，而把第一个当成一种特殊情形（就是第二个式子中的a等于零的结果）。那么，a究竟是什么数呢？它是一个常数。

这就奇怪了，我们将微分方程式积分得出来的，还是一个不完全确定的答案！但是，朋友，不用大惊小怪！

你在代数里面，解二次方程式时通常就会得出两个根，如果问你哪一个对，你只好说都对。如果你所解的二次方程式，受到另外一个什么限制，你的答案有时就只能容许有一个了。同理，如果另外还有条件，常数a也可以确定是怎么一回事。

上面的两个式子当中，无论哪一个都是微分方程式，再将这个微分方程式积分一次，所得出来的函数，便表示我们所要找的运动法则，$y=\frac{c}{2}t^2+at+b$（b又是一个常数）。

无限小的计算，虽然我们所举过的例子都只是关于运动的，但研究物理现象是以运动基础的。因此，很多物理现象，我们要去研究它们，发现它们的法则，以及将这些法则表示出来，都离不开无限小的计算。

除了物理学外，无限小的计算在其他科学领域也有非常广泛的应用，天文、化学、生物学和许多社会科学，都要依赖它。实际上，现在要想走进学术的园地去，恐怕除了作诗、写小说外，不和它接触的机会总是很少的。

12 最大公约数

几个数公共具有的约数叫做它们的公约数。如12的约数是2、3、4、6、12；18的约数是2、3、6、9、18；24的约数是2、3、4、6、8、12、24。2、3、6是12，18和24公共有的约数，就是它们的公约数。

几个数的公约数中最大的一个叫做它们的最大公约数，我们用*G.C.M*代表它。在前面所举的例中，6就是12、18、24 的最大公约数。

几个数除1以外没有公约数的叫做互质数。如5和6以及12、35和121各是互质数。

先把要求最大公约数的各数析成质因数的连乘积。其次把各数公有的质因数提出来相乘，所得的积就是所求的最大公约数。如果同一个质因数各有几个，只取最少的个数。

例1：求180和126的最大公约数。

$180=2^2\times3^2\times5$和$126=2\times3^2\times7$

$G.C.M.=2\times3^2=18$

这个演算又可列成下式：

2| 180　　126……2是公因数

3| 90　　63……3是公因数

3| 30　　21……3是公因数

10　　7……10和7已经是互质数

$G.C.M.=2\times3\times3=18$

这里只是将各个公因数，就是各次的除数连乘。用各数的最大公约数去除各数所得的商一定是互质数。

例2：求210、1260和245的最大公约数。

$$210 = 2 \times 3 \times 5 \times 7$$

$$1260 = 2^2 \times 3^2 \times 5 \times 7$$

和 $$245 = 5 \times 7^2$$

$$G.C.M. = 5 \times 7 = 35$$

这个演算又可列成下式：

$$\begin{array}{r|rrr} 5 & 210 & 1260 & 245 \\ \hline 7 & 42 & 252 & 49 \\ \hline & 6 & 36 & 7 \end{array}$$

$$G.C.M. = 5 \times 7 = 35$$

例3：求9000和1350的最大公约数。

$$\begin{array}{r|rrl} 10 & 9000 & 1350 & \cdots\cdots 10\text{是公因数} \\ \hline 5 & 900 & 135 & \cdots\cdots 5\text{是公因数} \\ \hline 9 & 180 & 27 & \cdots\cdots 9\text{是公因数} \\ \hline & 20 & 3 & \end{array}$$

$$G.C.M. = 10 \times 5 \times 9 = 450$$

每次用去除的数只要是各个数的公因数就可以，不限定要质因数。

要求两个数的最大公约数，如果不容易把它们分成质因数的连乘积，也就不容易找出它们的公因数去除它们。在这种情况下就用辗转相除法。这个方法是这样：用较小的一个数去除较大的一个数，假如除得尽，这个较小的数既除得尽较大的一个，也除得尽它自己，它就是两个数的最大公约数。

假如除不尽，就是有一个余数，并且这个余数自然比它要小，这个余数就算是第一余数。接着就用这个第一余数去除较小的一个数，如果有余数就算是第二余数。第二余数当然比第一余数要小，就用它去除第一余数。假如还除不尽，就有第三余数。第三余数当然比第二余数要小，就用它去除第二余数。

假如还除不尽，就照样做下去。因为每次的余数都要比上一次的小，所以到最后只有两种结果：一种是剩1，这就是原来的两个数没有公约数，而是互质数；另外一种是剩0，这就是除尽了。最后一个除数就是所求的最大公约数。

例1：求437和1691的最大公约数。

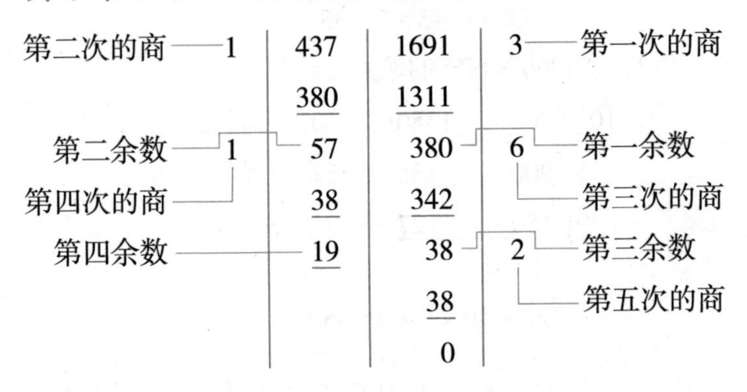

所求的$G.C.M.=19$。

例2：求437和2500的最大公约数。

1	437	2500	5
	315	2185	
1	122	315	2
	71	244	
2	51	71	1
	40	51	
1	11	20	1
	9	11	
	2	9	4
		8	
		1	……最后余数

所以437和2500是互质数。

像例2，两个数中的2500，我们很容易把它析成质因数的连乘积，$2500=2^2\times5^4$。用2和5去除另外一个数437，也很容易看出来都不能除尽。这就不必用辗转相除的方法，也可以判定437和2500是互质数。因为2500的质因数2和5都不是437的因数。这就是说它们除1以外，没有别的公因数。

例题2的演算，又可以用下面的办法变得比较简便一些。

1	437	2500	5
	315	2185	
	2 122	315	5
6	61	305	
	60	10	
最后余数……	1		

因为第二余数122有因数2，但不一定是质因数，但2不是要用它去除的第一余数315的因数。在演算过程中先把它约去，对于所求的最大公约数不会产生什么影响。并且这种方法在演算过程中，无论哪一个阶段都可以适用。

例3：求78、130和195的最大公约数。

先求78和130的最大公约数。

1	78	130	1
	52	78	
	26	52	2
		52	
		0	

所以78和130的最大公约数是26。

再求26和195的最大公约数。

2	26	195	7
	26	182	
	0	13	

所以，26和195的最大公约数是13，也就是说78，130和

195的最大公约数是13。因为13可以除尽26，也就可以除尽78和130，但26却不能除尽195。

例3只是作为演算辗转相除的例子，实际演算78和130的最大公约数，很容易得出来是26。而26=2×13，2不是195的因数，只须用13去除195，结果正好除尽，就可以知道13是78，130和195的最大公约数。

辗转相除法，一次只能求出两个数的最大的公约数。所以，要求四个数的最大公约数就得分三次进行。先求出两个数的最大公约数，然后再用它和第三个数求三个数的最大公约数。又再用所得的数和第四个数求最大公约数，自然也可以把四个数分成两个一组的两组，先求各组的最大公约数，再求两组的最大公约数的最大公约数。

例4：求2226、3339、8904和11130的最大公约数。

先分别求2226和3339以及8904和11130的最大公约数。

2	2226	3339	1	4	8904	11130	1
	2226	2226			8904	8904	
	0	1113			0	2226	

2226和3339的最大公约数是1113，以及8904和11130的最大公约数是2226。再求1113和2226的最大公约数。

在本题这是很明白的，1113就是所求的最大公约数，用不着再用辗转相除法去计算一次。但是在一般的情况下，不会正好就可以看得出来的，所以必须再计算一次。

13 最小公倍数

几个数公共的倍数叫做它们的公倍数。如12、24和36都是2、4、6和12的公倍数。几个数的公倍数个数是无限的，因为它们任何一个公倍数的倍数都是它们的公倍数。

几个数的公倍数中最小一个叫做它们最小公倍数，我们用$L.C.M.$代表它。如12、24和36都是2、4、6和12的公倍数，其中12最小，它就是2、4、6和12的最小公倍数。

先把要求最小公倍数各数析成质因数的连乘积，其次把各数所包含的不相同质因数都提出来相乘，所得积就是所求最小公倍数。但两个以上的数所公有质因数，只取各数中含得最多一个。如果几个数包含某个质因数个数相同，就只取一次。

例1：求35、40和100的最小公倍数。

$$35=5\times 7，40=2^3\times 5和100=2^2\times 5^2$$

$$L.C.M.=2^3\times 5^2\times 7=1400$$

三个数所含的不相同的质因数是2、5和7。40和100都含有2，最多的是2^3。40和100都含有5，最多的是5^2，7只有一个。因此得出$L.C.M.$是$2^3\times 5^2\times 7$。这个演算又可以列成下式：

$$\begin{array}{r|rrr}5 & 35 & 40 & 100\\ \hline 2 & 7 & 8 & 20\\ \hline 2 & 7 & 4 & 10\\ \hline & 7 & 2 & 5\end{array}$$

……5是三个数的公因数

……2是8和20的公因数

……2是4和10的公因数

……各数中任何两个都没有公因数

$$L.C.M.=5\times 2\times 2\times 7\times 2\times 5=1400$$

这里先是用各个数的公因数去除，到各个数已经没有公因數的时候，再用其中几个数的公困数去除，不能除尽的就不用除，照样写下来。这样连续做下去到各个数中任何两个都没有公因数为止。

最后，把所有的除数（在式子左边的）和所有的商数（在式子下面的）相乘。

例2：求500、507和798的最小公倍数。

$$500=2^2\times5^3，507=3\times13^2和798=2\times3\times7\times19$$

$$L.C.M.=2^2\times3\times5^3\times7\times13^2\times19=33715500$$

这个演算又可以列成下式：

$$\begin{array}{r|rrr} 2 & 500 & 507 & 798 \\ \hline 3 & 250 & 507 & 399 \\ \hline & 250 & 169 & 133 \end{array}$$

……各数中任何两个数都没有公因数

$$L.C.M.=2\times3\times250\times169\times133=33715500$$

两个数如果是互质数，那么它们的最小公倍数就等于它们相乘的积。在几个数中，如果是任何两个都是互质数，那么它们的最小公倍数就等于它们相乘的积。如3、7和8的最小公倍数就是$3\times7\times8=168$。

在几个数中，如果最大的一个是其他各个的倍数，那么它就是它们的最小公倍数，因为它也是自己的倍数。60、15、12和5、60是15，12和5的倍数，它也就是60、15、12和5的最小公倍数。

如果要求两个数的最小公倍数，是要不容易把它们分成质因数的乘积，那么也就不容易找出它们的公因数去除它们。在这种情况下，就先求它们的最大公约数，即用辗转相除法。

我们先来观察一下。例如要求70和90的最小公倍数。按照求最大公约数的方法，是：

$$\begin{array}{r|rr} 2 & 70 & 90 \\ \hline 5 & 35 & 45 \\ \hline & 7 & 9 \end{array}$$

$L.C.M.=2\times5\times7\times9=630$

$G.C.M.=2\times5=10$

用它们的最大公约数分别去除它们，所得的商是7和9，那么一定 是互质数。

并且，它们的最小公倍数$630=2\times5\times7\times9=(10\times7)\times9$

$=70\times9=70\times(90\div10)$

又它们的最小公倍数$630=2\times5\times7\times9=(10\times9)\times7$

$=90\times(70\div10)$

这就是说，两个数的最小公倍数（630）等于其中的一个数（70或90）乘以另一个数（90或70）被它们的最大公约数（10）除得的商（9或7）。

根据这个性质，要求两个数的最小公倍数，就先求它们的最大公约数。其次用这个最大公约数去除其中的一个数，而把所得的商和另一个数相乘。这样就能够得出所求的最小公倍数。

例1：求336和1260的最小公倍数。

先求它们的最大公约数。

1	336	1260	3
	252	1008	
	84	252	3
		252	
		0	

$G.C.M. = 84$

用84去除336再和1260相乘，

$336 \div 84 \times 1260 = 4 \times 1260 = 5040$

或用84去除1260再和336相乘，

$1260 \div 84 \times 336 = 15 \times 336 = 5040$

$L.C.M. = 5040$

由这个演算，我们还可以知道：

两个数最小公倍数等于它们相乘积除以其最大公约数。

例如　$5040 = (4 \times 84) \times 1260 \div 84 = (336 \times 1260) \div 84$

或　　$5040 = 15 \times 336 = (15 \times 84) \times 336 \div 84$

$= (1260 \times 336) \div 84$

例1的方法，一次只能求出两个数的最小公倍数。如果要求三个以上的数的最小公倍数，就要先求两个数的，然后将求得的最小公倍数和第三个数相求。又再把求得的最小公倍数和第四个数相求。如果求五个数以上的，只要这样一步一步地照样做下去就行了。

例2：求336、1260和350的最小公倍数。

先求336和350的最小公倍数。

24	336	350	1
	336	336	
	0	14	

$G.C.M. = 14$，而$L.C.M. = 336 \div 14 \times 350 = 24 \times 350 = 8400$

再求8400和1260的最小公倍数。

1	1260	8400	6
	840	7560	
	420	840	2
		840	
		0	

$$G.C.M. = 420，而L.C.M. = 1260 \div 420 \times 8400$$

$$= 3 \times 8400 = 25200$$

如果利用前例已知336和1260的最小公倍数是5040，再求5040和350的最小公倍数，那么我们很容易知道它们的最大公约数是70。

$$L.C.M. = 350 \div 70 \times 5040 = 5 \times 5040 = 25200$$

其实，许多实际问题的计算，都和最大公约数或最小公倍数有关系。现在举几个例子在下面：

例1：某数用45去除剩20，若用9去除剩多少？

因为45是9的倍数，所以用9去除所剩的数是从余数20被9去除得出来的。

$20 \div 9 = 2$剩2，所以某数用9去除剩的是2。

例2：比1大而比100小的三个数，相乘得2838，这三个数是什么？

三个数的乘积就等于它们的各个质因数的乘积。因此，我们先把2838析成质因数的积。

$2838 = 2 \times 3 \times 11 \times 43$

一共有四个质因数，如果把这四个质因数分成三组，三组所成的数相乘都可以得2838。但是，题目却限制三个数都要小于100，因此3和11都不能同43在一组。所以就43来说，只能单独在一组或同2在一组。43单独在一组，剩下的三个质因数2、3、11，又得分成两组，这有三种可能：

11，2×3；11×2，3；11×3，2

总结起来就可以得到三种解答：

43、11、6；43、22、3；43、33、2

如果43同2在一组，那就只剩下两个质因数3和11。因此，三个数只能是86（43×2）、11、3。

本题的解答一共有四种：

43、11、6；43、22、3；43、33、2；86、11、3。

例3：用28和16分别去除都剩5的数，最小的是什么呢？

凡是28的倍数加上5用28去除都剩5，凡是16的倍数加上5，用16去除都剩5。28和16的公倍数加上5，用28和16分别去除都剩5。因为题目上要的是最小的一个，所以，先求28和16的最小公倍数，再加上5就得所求的数。

$28 = 2^2 \times 7$，$16 = 2^4$

$L.C.M. = 2^4 \times 7 = 112$，而$112 + 5 = 117$即所求的数

例4：两数最大公约数是12，最小公倍数是72，请求这两个数。我们知道，两个数的最大公约数分别去除两个数所得的商是互质数。并且，它们的最小公倍数就等于它们的最大公约

数和这两个商相乘的积。所以：

最小公倍数÷最大公约数=最大公约数除各数的商的积。

$72 \div 12 = 6 = 2 \times 3$

因为2和3正是互质数，所以，$12 \times 2 = 24$和$12 \times 3 = 36$就是所求得的两个数。

例5：两数的积是5766，最大公约数是31，求这两个数。

我们知道，两数的积÷最大公约数=最小公倍数。

$5766 \div 31 = 186$……最小公倍数。

依上例的算法：$186 \div 31 = 6 = 2 \times 3$

所以，$31 \times 2 = 62$和$31 \times 3 = 93$就是所求得的两个数。

例6：两数的和是144，最大公约数是24，求这两个数。

两个数的和÷最大公约数=两个数被最大公约数除所得的商的和。$144 \div 24 = 6 = 1 + 5 = 2 + 4 = 3 + 3$

但是，这两个商必须是互质数，因而只能取1和5，所以，$24 \times 1 = 24$和$24 \times 5 = 120$就是所求的两个数。

例7：甲、乙两个齿轮互相衔接，甲有35齿，乙有40齿。甲某一齿和乙某一齿接触后再相接，至少各需要转动几次？

两个齿轮同时转动，从某两齿相接到第二次相接，它们转动的时间相同，所以转过的齿数也就相等。因此所转的齿数最少是它们齿数的最小公倍数。

$35 = 5 \times 7$和$40 = 5 \times 2^3$

$L.C.M. = 7 \times 5 \times 2^3 = 280$

又　$260 \div 35 = 8$和$280 \div 40 = 7$

即甲齿轮转8次，乙齿轮转7次。

例8：甲、乙、丙三个人骑自行车绕着一个圆的场子转，甲4分钟转一次，乙6分钟，丙8分钟。三个人从同一地点出发，到同一地点相会，至少需多少时间？各转几周？

三个人从出发到原地点相会，所走的时间是相同的，并且所转场子的周数都是整数。所以所需的时间必是各人转一周的时间的公倍数。所求的最少的时间，即它们的最小公倍数。

4、6、8的最小公倍数$=24$

即至少需24分钟。

$24 \div 4=6$，$24 \div 6=4$，$24 \div 8=3$

即甲转6周，乙转4周和丙转3周。

例9：把135厘米长、105厘米宽的纸裁成一样大的正方块，不许剩余纸，那么这个正方块最大每边长多少？一共能够裁多少块？因为要裁成正方块，并且不能剩余纸，所以，每边的长必须是135厘米和105厘米的最大公约数。

$135=3^3 \times 5$和$105=3 \times 5 \times 7$

$G.C.M.=3 \times 5=15$（厘米），即正方块每边的长。

$135 \div 15=9$，长处可以裁9块。

$105 \div 15=7$，宽处可以裁7块。

$7 \times 9=63$，一共裁63块。

例10：将长15厘米、宽12厘米的长方石砖铺成正方形，最少要多少块？铺的地面每边多少长？因为铺成的是正方形，那么它的一边必须是石砖的长和宽的公倍数。

$15=3 \times 5$和$12=3 \times 4$

$L.C.M.=3 \times 4 \times 5=60$，即每边至少长60厘米。

$60 \div 15=4$和$60 \div 12=5$，$4 \times 5=20$

即至少要20块石砖。

14 数学究竟是什么

在这一节里，我打算写些关于数学的总概念的话，但我并不确定写出来是否比不写要好一些。其实，关于“数学的园地”这个题目，是否要动手写，是否要这样写，现在，我仍然有疑问。

第一个疑问：谁要看这样的东西呢？对于对数学感兴趣的朋友们，自己走到数学的园地里去观赏，无论怎样，得到的一定比看完这篇粗枝大叶的文字多。至于对数学没兴趣的朋友们，它却是件扫兴的事情了，不是吗？

第二个疑问：这样的写法，会不会反而给许多人一些似是而非的概念呢？

关于第一个疑问，我不想再说什么。只有第二个疑问，却好像应该回应一下，这才对得起那些花时间来看这篇文字的朋友们！

数学是什么？它究竟是什么？你如果希望得到的是一个完全符合逻辑的答案，我只好说是我能力不够了。

那么，这里还能够说什么呢？我只想写几个别人的答案出来，这虽然不能使朋友们满意，也可以知道一点数学园地的轮廓吧！

远在亚里士多德以前的一个回答，也是所有回答当中最通俗的一个，它是这样说的：

数学是计量的科学。

朋友，这个回答你满意吗？什么叫做量？怎样去计算它？假如我们说，测量和统计都是计量的科学，这大概不会有什么问题吧！

虽然，它们最后的目的并不只是要求出一个量的关系来，但就它们的方法来说，对于量的计算比较直接些。因此，到了奥古斯特·孔德（*Auguste Comte*）就将它改变了一下：

数学是间接计量的科学。

他要这样加以改变，并不是因为担心与测量、统计这些相混。实在有许多量是无法直接测定或计算的。比如天空中闪动的星星的距离和大小，原子的距离和大小，一个大得无边，一个小得可怜，我们是无法直接去测量它们的。

这个回答虽然已经有所进步，但它就能令我们满意吗？量是什么东西？这还是要解释的。先不去管它，我们姑且按照常识的说法，给“量”下一个定义。

不过，就是这样，到了近代，数学的园地里增加了一些稀奇古怪的建筑，它也不能包括进去了。在那广阔的园地里，有许多新的亭楼、树立着的匾额，什么群论、投影几何、数论、逻辑的代数……这些都和量绝缘。

孔德的回答出现了漏洞，于是又有许多人来加以修正，这要一个个地列举出来，当然不可能。随便举一个，即如皮尔士（*Peirce*）：

数学是得出必要的结论的科学。

他的这个回答，内容自然宽广了些，但是也还有疑问。所谓“必要的结论”是什么呢？他究竟怎样解释，按照他的解释能不能说明数学究竟是什么？谁也不知道。

另外，从前数学的园地里面，都只是尽量地在各个院落中增加建筑、培植花木。即使是另辟院落，也是向着前面开阔的地方开垦。

近来却有些工匠，想要在这些院落的后面开辟出一条大道来，通到相邻的逻辑园地去。他们努力的结果，自然已有相当的成绩，但把一座数学的园地弄得五花八门，要解释它就更困难了。

最终，对于我们所期待的回答，越多反而越“糊涂”。罗素（*Russell*）的回答更巧妙，简直像开玩笑一样，他说：

> Mathematics is the subject in which we never know what we are talking about nor whether what we are saying is true.

假如你真要我将它翻译，那我想是这样：“有人来问我，连我也不知。”你应该知道这两句话的来历吧！

数学究竟是什么？我想要列举出来的回答，只有这么多。不是越说越恍惚，越说越不像样了吗？是的！虽然不能简单地说明它，却也说明一大半了！

研究科学的人最喜欢给他所研究的东西下一个定义，所以一般科学书，翻开第一页第一行就是定义，而且这些定义几乎都有一定的形式。

这样一来，买到那本书的人翻开一看非常高兴，用不了五分钟，便可将书放到箱子里去，说起那一门的东西，自己也就可以回答出它讲的是什么。然而，这简直和卖膏药的广告没什么区别。

假如有一门科学，已经可以给它下一个悬诸国门不能增损一字的定义，也就算完事了。每时每刻进步不止的科学，没有人能说明它究竟是什么！越是发展旺盛的科学，越难有确定的定义。

不过，我们调转方向探究数学的性质，好像有一点是非常特别的，就是喜欢用符号。有0、1、2……9共10个符号，以及+、-、×、÷、=5个符号，便能计算通常的数。

仅仅用加、减、乘、除，计算起来不方便。我们又画一条线来隔开两个数，说一个是分母，一个是分子，这样就有了分数的计算。接下去，在运算方面我们又有了比例的符号，在记数方面我们又有了方指数和根指数。

关于数的记法，这还只是就算术而言。到了代数，你知道的符号就更多了。到了微积分其实也不过多几个符号而已。

数学之所以叫人头痛，大概就是这些符号在作怪。你把它看得灵活，那么它就真灵活。你要把它看得呆板，那么它就真够呆板。

所谓数学家，依我说，就是一些能够支使符号的人物。他们写在数学书上的东西，说高深，自然是高深，真有些是不容易懂的，但假如不许他们用符号，他们就一筹莫展了！

所以数学这个东西，真要说得透彻些，离开了符号，简直没有办法说清楚。你初学代数的时候，总有些日子，对于a、

b、c、x、y，z是想不通的，觉得它们和你用惯的1、2、3、4……有些区别。

自然，说它们完全一样，是有点靠不住的。你去买白菜，说要x斤，别人只好鼓起两只眼睛瞪着你。但你用惯了，做起题来，也就不会感到它们有什么差别了。

数学就是这么一回事，这篇文章里尽量避免符号的运用，只是为了对那些不喜欢或是看不惯符号的朋友说一些数学的概念，所以有些非用符号不可的东西，只好不说了！

朋友！你如果高兴，想在数学的园地里尽情地玩耍，请你多多练习使用符号的能力。

你见到一个人直立着，两手向左右平伸，不要联想到那是钉死耶稣的十字架，你就想象他的两臂恰好是水平线，他的身体恰好是垂直线。

假如碰巧有一只蝴蝶从他的耳边斜飞到他的手上，那更好，你就想象它是在那里运动的一点，它飞过的路线，便是一条曲线。这条曲线表示一个函数，可以求它的诱导函数，又可以求这诱导函数的诱导函数，这就是蝴蝶飞行的速度和加速度了！

15 集合论

科学的发展，有一个富有趣味的倾向，那就是每一种科学诞生以后，科学家们便拼命地使它向前发展。

正如大获全胜的军人遇见敌人，总要追到山穷水尽一般。穷追的结果，自然可以得到不少战利品，但是后方空虚，却也是很大的危险。

一种科学发展到一定程度，想要向前进取，总不如先前容易，这是从科学史上可以见到的。因为前进会让人感到吃力，于是有些人会疑心到它的根源上去。

这样一来，就要动手考查它的基础和原理了。前一节不是说过吗？在数学的园地中，近来就有人在背阴的一面开垦着。

一种科学恰好和一个人一样，年轻的时候，生命力旺盛，只知道按照自己的思想往前冲，结果自然进步飞快。在这个时期，谁还有工夫去思前想后，回顾自己的来路呢？

一种科学从它的几个基本原理或法则建立的时候起，科学家总是替它开辟领土，增加实力，使它光芒万丈、傲然自大。然而，上面越壮大，下面的根基就必须越牢固，不然头重脚轻，岂不是要栽跟头吗？

所以，对于营造科学园地，到了一个范围较大、内容繁多的时候，建筑师们对于添造房屋就逐渐慎重、犹豫起来了。

如果没有确定它的基石牢固到什么程度，扩大的工作便不敢贸然动手。这样一来，开始将他们的事业转向另一个方向：

将已经做成的工作全部加以考查，把所有的原理拿来批评，将所用的论证拿来估价，仔细去证明那些用惯了的简单命题。

他们对于一切都抱有怀疑态度，如果不是重新经过更可靠、更明确的方法证明那结果并没有差异，即使是已经被一般人所承认的，他们也不敢断然相信。

一般来说，数学园地里的建筑都比较稳固，但是许多工匠也开始怀疑它，并从根基着手考查了。因为推证的不完全或演算的错误，难免会混进一些错误。所以重新考查，确实有这个必要。

为了使科学的基础更加稳固，将已用惯的原理重新考订，这是非常重要的工作。无论是数学或别的科学，它的进展中常常会添加一些新的意义，而新的意义又大半是凭直觉而来。因此如果是严格地加以限定，有些意义就变成不可能了。

比如说，一个名词，我们在最初给它下定义的时候，总是很小心、很精密，也觉得它足够完整了。但是用来用去，它所解释的东西逐渐变化，结果简直和它本来的意义大相径庭。

我来举一个例子，在逻辑上讲到名词的多义的时候，就一定讲出许多名词，它的意义逐渐扩大，而许多词义又逐渐缩小，只要你肯留心，随处都可找到。

例如，“墨水”，顾名思义就是把黑的墨溶在水中的一种液体。但现在我们却常说红墨水、蓝墨水、紫墨水等。这样一来，墨水的意义已经全然改变。

对于旧日用惯的词义，倒要另替它取个名字叫“黑墨水”。墨本来是黑的，但事实上必须在它的前面加一个形容词“黑”，可见现在我们口中所说的“墨”，已不一定含有“黑”

的性质了。日常生活中的这种变迁，在科学上也不能避免，不过没有这么明显罢了。

其次，说到科学的法则，最初建立它的时候，我们总觉得它如果不是绝对的，那么在科学上的价值就不大。但是，我们真正能够将一个法则拥护着，使它永远享有绝对的力量吗？

所谓科学上的法则，是根据我们所观察的或实验的结果归纳而来的。人力毕竟是有限的，因此，我们疏漏的那一部分，也许就是我们所认为的绝对法则的死对头。科学是要承认事实的，所以科学的法则，有时就有例外。

我们还是来举例吧！在许多科学常用的名词中，有一个名词，它的意义究竟是什么，很难严密地规定，这就是所谓的“无限”。

抬起头仰望天空，白云的上面还有青色的云，有人问你天外是什么？你只好回答他“天外还是天，天就是大而无限的”。他如果不懂，你就要回答，天的高是“无限”。

在黑夜看见闪烁的星星挂满了天空，有人问你它们究竟有多少颗，你也只好说无限。然而，假如问你无限是什么意思呢，你怎样回答？你也许会这样想，就是数不清的意思。

但我却要和你纠缠不清了。你的眉毛数得清吗？当然是数不清的。那么你的眉毛是无限的吗？“无限”和“数不清”不完全一样，是不是？

所以，在我们平常用“无限”时，确实含有一个不能理解，或者说不可思议的意思。换句话说，就是超越我们的智力，简直是我们精神力量的极限。

“无限”真是一个神奇的东西，平常说话会用到它，文学、哲学上也会用到它，科学上那就更不用说了。

在数学的园地中，对于各色各样的东西，我们大都眉目清楚，却被这“无限”征服了。站在它的面前，总免不了要头昏眼花，它是多么神秘的东西啊！

虽是这样，数学家们还是不甘屈服，总要探索一番，这里便打算大略说一说，不过请容许我先来绕一个弯。

这一节的题目是“集合论”，我们就先来说“总集”这个词在这里的意义。有些相同或不相同的东西放在一起，我们只计算它的数量，不管它们究竟是什么，这就叫它们的总集。

比如，你的衣兜里放有三个“一元硬币”、五个“五角硬币”和十二个一角硬币，不管三七二十一，我们只数叮叮当当响着的一共是二十个，这二十就称为含有二十个单元的总集。至于这单元的性质，我们不必追问。

又比如，你在教室里坐着，有男同学、女同学和教师。教师一人，女同学五人，男同学十四人，那么，这个教室里教师和男、女同学的总集，恰好和你衣兜里的钱的总集是一样的。

朋友，你也许要问这样混杂不清的数目有什么用呢，是的，当你学算术的时候，你的老师一定很认真地告诉你，不是同一种类的量不能加在一起。

算术上总叫你处处小心，不仅要注意到量要同种类，而且还要同单位才能相加减。但现在，我们却不管这些了，这有什么用处呢？

它的用处真是太大了！我们就要用它去窥探我们难以理解的“无限”。其实，你会有那样的疑问，是由于你太认真而又太不认真的缘故。

你为什么把“一元”“五角”“一角”的硬币以及“男”“女”“学生”“教师”的区别看得那么大呢？你为什么不从根本上去想一想，数本来只是一个抽象的概念呢？

我们只关注数的概念时，你衣兜里硬币的总集和教室里人的总集，不是一样的吗？“二十”这个数就是含有二十个单元，而不管它们的性质所得出来的总集。

数的发生可以说是因为比较，所以我们就来说总集的比较法。比如有两个总集，一个含有十五个单元，我们用$E15$表示，另外一个含有十个单元，用$E10$表示。

现在来比较这两个总集，对于$E10$当中的各个单元，都从$E15$当中取一个来和它成对，这是可以做到的。

但是，假如对于$E15$当中的各个单元，都从$E10$当中取一个来和它成对，做到第十对，就做不下去了，只好停止了。可见，掉一个头是不可能的。遇到这种情形的时候，我们就说：“$E15$超过$E10$。”

或是说：“$E15$包含$E10$。”

或者说得更文气一些：“$E15$的次数多于$E10$的次数。”

假如另外有两个总集Ea和Eb，虽然我们不知道a、b是什么，但是对于Eb当中的每一个单元，都能从Ea中取一个出来和它成对，而且对于Ea当中的每一个单元，都能从Eb中取一个出来和它成对。我们就说，这两个总集的次数是一样的，它们所含单元的数量相同，也就是a等于b。

前面说过，你衣兜里硬币的总集和教室里人的总集一样。你可以从衣兜里将硬币拿出来，分给每人一个。反过来，每个硬币也能够不落空地被人拿去。这就可以说这两个总集一样，也就是硬币的数目和教室里人的数目相等了。

因为数目简单，两个总集所含单元的数量，你都知道了，所以觉得很容易，但是这个比较法，就是对于不知道它所含单元数量的情形，同样也可以使用。我再来举几个通常的例子，然后回到数学的本身上去。

你在学校里，经常讲到或听到“师生”两个字。“师”的总集和“生”的总集，就不一样。古往今来，“师”的总集和“生”的总集是什么，没有人回答得出来。

然而我们却可以想得到，每一个“师”都给他一个“生”，要他完全负责任，这是可能的。但如果要每一个“生”，都给他找一个专一只对他负责任的“师”，那就不可能了。

所以，这两个总集不一样。因此，我们可以说“生”的总集的次数高于“师”的总集的次数。

再举个例子，比如父和子、长兄和弟弟、伟人和丘八[①]，这些总集都不一样。要找一个总集相等的例子，那就是夫妻俩。

虽然我们并不知道全世界有多少个丈夫和多少个妻子，但有资格被称为丈夫的，必须有一个妻子。反过来，有资格被人称为妻子的，也必须有一个丈夫。所以无论从哪一边说，“一对一”的关系都能成立。

好了！让我们来讲数学上关于“无限”的话吧。我们来想象一个总集，含有无限个单元，比如整数的总集：

$$1、2、3、4、5\cdots\cdots n\cdots\cdots(n+1)\cdots\cdots$$

这是非常明白的，它的次数比一切含有有限个数单元的总

---

① 旧时称兵（“丘”字加“八”字成为“兵”字，含贬义）。

集都高。我们现在将它和别的无限总集做比较，就用偶数的总集吧：

$$2、4、6、8、10\cdots\cdots 2n\cdots\cdots(2n+2)\cdots\cdots$$

这就有些趣味了。照我们平常的想法，偶数只占全整数的一半，所以整数的无限总集当然比偶数的无限总集次数要高，不是吗?

十个连续整数中，只有五个偶数，一百个连续整数中也不过五十个偶数，就是一万个连续整数中也还不过五千个偶数，总归只有一半。所以要成“一对一”的关系，似乎有一面是不可能的。

然而，你错了，你不能单凭有限的数目去想，我们现在是在比较两个无限的总集呀!“无限”总有些奇怪！我们试将它们一个对一个地排成两行：

$$1、2、3、4、5\cdots\cdots n\cdots\cdots(n+1)\cdots\cdots$$
$$2、4、6、8、10\cdots\cdots 2n\cdots\cdots(2n+2)\cdots\cdots$$

因为两个都是“无限”的缘故，我们自然不能把它们通通都写出来。但是我们可以看出来，第一行有一个数，只要用2去乘它，就得出第二行中和它相对的数来。

反过来，第二行中有一个数，只要用2去除它，也就得出第一行中和它相对的数来。这个“一对一”的关系，不是无论用哪一行做基础都可以。那么，我们有什么权利来说这两个无限总集不一样呢?

整数的无限总集，因为它是无限总集中最容易理解的一个，又因为它可以由我们一个一个地列举出来，所以我们给它取一个名字，叫“可枚举的总集”（*L'ensemble dé-nombrale*）。

我们常常用它作为无限总集比较的标准，凡是次数和它相同的无限总集，都是“可枚举的无限总集”。单凭直觉也可以断定，整数的无限总集在所有的无限总集当中是次数最低的一个，它可以被我们用来作为比较的标准，也就是这个缘故。

在无限总集当中，究竟有没有次数比这个“可枚举的无限总集”更高的呢？我可以很爽快地回答你：有。不但有，而且想要多少就有多少。从这个回答中，我们对于“无限”算是有些认识了，不像以前那样模糊了。

康托尔（*Cantor*）是最初提出集合论的。他所创设的集合论，不但在近代数学中占有很珍贵的位置，还开辟了数学进展的一条新路径，使人不得不对他万分崇敬！

在康托尔以前，我们只觉得无限就是无限，吾生也有涯[①]，弄不清楚它就算了。但现在想起来，无须什么证明，我们有些时候也能够感觉到，无限总集是可以不相同的。

再来举个例子：比如一条能决定点的位置的射线，从O点起伸张出去，它所包含的点就是一个无限总集。我们觉得它的次数要比整数的无限总集的高，而事实上也验证了我们的直觉并没有错。

但是，朋友！你不要太乐观，有些时候，纯粹的直觉就会叫你上当的。你不相信吗？比如有一个正方形，它的一边是AB。我问你，整个正方形内的点的总集，是不是比这一边AB上的点的总集的次数要高些呢？

---

① 译为人生是有限的。

就凭我们的直觉，总要给它一个肯定的回答，但是这次你上当了，仔细去证明，它们的次数恰好相等。

总结以上的话，请你记好这个基本的定理：对于一个无限总集，我们总能够做出一个次数比它高的无限总集。

要证明这个定理，我们就用整数的总集作为基础，那么，所有可枚举的无限总集也就不用再证明了。为了说明简单，我只随意再用一个总集。

按照前面说过的，整数的总集是这样：

1、2、3、4、5……n……（$n+1$）……

就用E代表它。

凡是用E当中的单元所做成的总集，无论所含的单元的数有限或无限，都称它们为E的“局部总集”，所以：

17、25、31

2、5、8、11……$2+3$（$n-1$）……

1、4、9、16……n^2……

这些都是E的局部总集，我们用P_n来代表它们。

第一步，凡是用E的单元能够做成的局部总集，我们都将它们做尽。

第二步，我们就来做一个新的总集C，C的每一个单元都是E的一个局部总集P_n，而且所有E的部总集全都包含在里面。这样一来，C便成了E的一切局部总集的总集。

现在我们要证明C的次数比第一个总集E的次数高。我们必须要对于E的每一个单元都能从C当中取一个出来和它成对。实际上只要依下面的方法配合就够了：

1、　2、　3……………n……………（E）
（1、2）（2、3）（3、4）……（n、$n+1$）……（C的一部分）

从这样的配合法中可以看出来，第二行只用到C单元的一部分，所以C的次数或是比E的高或是和E的相等。

我们能不能反过来，对于C当中的每一个单元都从E当中取出一个和它成对呢？

假如能做到，那么E和C的次数是相等的；假如不能做到，那么C的次数就高于E的次数。我们不妨就假定能够做到，看会不会碰钉子！

计算这种配合法的方法是有的，我们随便一对一对地将它们配合起来，写成下面的样子：

P_1、P_2、P_3……P_n……（C）
1、2、3………n………（E）

可以看出，第一行是所有的局部总集，就是包括所有C的单元。第二行却说不定，也许是一切的整数，也许只有一部分。因为我们是对着第一行的单元取出来的，究竟取完了没有还说不定。

现在，我们来一对一地检查一下。先从P_1和它的对儿1起。因为P_1是E的局部总集，所以包含的是一些整数，现在P_1和1的关系有两种：一种是P_1里面有1，一种是P_1里面没有1。

假如P_1里面没有1，我们将它放在一边。接着来看P_2和2这一对，假如P_2里就有2，我们就把它留着。照这样一直检查下去，把所有的P_n都检查完，凡是遇见整数n不在它的对儿当中的，都放在一边。

经过这些检查后，另外放在一边的整数，我们又可以做成一个整数的总集。而我们新做成的整数总集包含整数的一部分，所以它也是E的局部总集。

但是我们前面说过，C的单元是E的局部总集，而且所有E的局部总集全部包含在C里面了，所以这个新的局部总集也应当是C的一个单元。

用P_t来代表这个新的总集，P_t就应当是第一行P_n当中的一个，因为第一行是所有的单元。

既然P_t已经应当站在第一行里了，就应当有一个整数或是说E的一个单元来和它成对。假定和P_t成对的整数是t。在这里，又有两种可能的情况：

> 第一种：t是P_t的一部分，但是这回真碰钉子了。P_t所包含的单元是在第一行中成对的单元所不包含在里面的整数，而P_t就是第一行的一个单元，这不是矛盾了吗？所以t不应当是P_t的一部分。
>
> 第二种：t不是P_t的一部分，还是不行。P_t是第一行的一个单元，t和它相对又不包含在里面，我们检查的时候，就把t放在一边。所以P_t就是这些被放在一边的整数的总集，t就应当是P_t的一部分。

这是多么糟糕！第一种说法，t是P_t的一部分，不行；第二种说法，t不是P_t的一部分，也不行。

在E的单元当中，就没有和C的单元P_t成对的。第一次将E

和C比较，已知道C的次数必是高于或等于E的次数。现在比较下来，E的次数不能和C的次数相等，所以我们说C的次数高于E的次数。

归根结底，一个无限总集，我们可以做出次数高于它的无限总集来。

无限总集的理论，也有一个无限的广场展开在它的面前！我们常常都能够比较无限总集的次数吗？我们能够将无限总集按照它们次数的顺序排列吗？

一种新的理论的产生正和一个婴儿的诞生一样，要他长大，做出一番惊人的事业，都少不了养育和保护！不过这个理论既然已经具有相当的基础，又逐渐向前进展，这些问题总会解决，毕竟现在我们对于“无限”，不像从前一样感到不可思议了！